# ESTÁGIO NA LICENCIATURA EM MATEMÁTICA
EXPERIÊNCIA E CONHECIMENTO DA DOCÊNCIA

Editora Appris Ltda.
1.ª Edição - Copyright© 2024 dos autores
Direitos de Edição Reservados à Editora Appris Ltda.

Nenhuma parte desta obra poderá ser utilizada indevidamente, sem estar de acordo com a Lei nº 9.610/98. Se incorreções forem encontradas, serão de exclusiva responsabilidade de seus organizadores. Foi realizado o Depósito Legal na Fundação Biblioteca Nacional, de acordo com as Leis nos 10.994, de 14/12/2004, e 12.192, de 14/01/2010.

Catalogação na Fonte
Elaborado por: Josefina A. S. Guedes
Bibliotecária CRB 9/870

C318e
2024

Carrião, Airton
Estágio na licenciatura em matemática: experiência e conhecimento da docência / Airton Carrião, Diogo Faria, Samira Zaidan.
1. ed. – Curitiba: Appris, 2024.
173 p. ; 23 cm. – (Educação, tecnologias e transdisciplinaridade).

Inclui referências.
ISBN 978-65-250-5586-2

1. Matemática – Estudo e ensino. 2. Matemática – Programas de estágio. 3. Professores matemática – Formação I. Faria, Diogo. II. Zaidan, Samira. III. Título. IV. Série.

CDD – 510.7

Appris
editora

Editora e Livraria Appris Ltda.
Av. Manoel Ribas, 2265 – Mercês
Curitiba/PR – CEP: 80810-002
Tel. (41) 3156 - 4731
www.editoraappris.com.br

Printed in Brazil
Impresso no Brasil

Airton Carrião
Diogo Faria
Samira Zaidan

# ESTÁGIO NA LICENCIATURA EM MATEMÁTICA
### EXPERIÊNCIA E CONHECIMENTO DA DOCÊNCIA

## FICHA TÉCNICA

| | |
|---|---|
| EDITORIAL | Augusto Coelho |
| | Sara C. de Andrade Coelho |
| COMITÊ EDITORIAL | Marli Caetano |
| | Andréa Barbosa Gouveia - UFPR |
| | Edmeire C. Pereira - UFPR |
| | Iraneide da Silva - UFC |
| | Jacques de Lima Ferreira - UP |
| SUPERVISOR DA PRODUÇÃO | Renata Cristina Lopes Miccelli |
| ASSESSORIA EDITORIAL | William Rodrigues |
| REVISÃO | Simone Ceré |
| PRODUÇÃO EDITORIAL | William Rodrigues |
| DIAGRAMAÇÃO | Jhonny Alves dos Reis |
| CAPA | Arthur Carrião |
| REVISÃO DE PROVA | William Rodrigues |

### COMITÊ CIENTÍFICO DA COLEÇÃO EDUCAÇÃO, TECNOLOGIAS E TRANSDISCIPLINARIDADE

**DIREÇÃO CIENTÍFICA**
Dr.ª Marilda A. Behrens (PUCPR)
Dr.ª Patrícia L. Torres (PUCPR)

**CONSULTORES**
Dr.ª Ademilde Silveira Sartori (Udesc)
Dr. Ángel H. Facundo (Univ. Externado de Colômbia)
Dr.ª Ariana Maria de Almeida Matos Cosme (Universidade do Porto/Portugal)
Dr. Artieres Estevão Romeiro (Universidade Técnica Particular de Loja-Equador)
Dr. Bento Duarte da Silva (Universidade do Minho/Portugal)
Dr. Claudio Rama (Univ. de la Empresa-Uruguai)
Dr.ª Cristiane de Oliveira Busato Smith (Arizona State University /EUA)
Dr.ª Dulce Márcia Cruz (Ufsc)
Dr.ª Edméa Santos (Uerj)
Dr.ª Eliane Schlemmer (Unisinos)
Dr.ª Ercilia Maria Angeli Teixeira de Paula (UEM)
Dr.ª Evelise Maria Labatut Portilho (PUCPR)
Dr.ª Evelyn de Almeida Orlando (PUCPR)
Dr. Francisco Antonio Pereira Fialho (Ufsc)
Dr.ª Fabiane Oliveira (PUCPR)
Dr.ª Iara Cordeiro de Melo Franco (PUC Minas)
Dr. João Augusto Mattar Neto (PUC-SP)
Dr. José Manuel Moran Costas (Universidade Anhembi Morumbi)
Dr.ª Lúcia Amante (Univ. Aberta-Portugal)
Dr.ª Lucia Maria Martins Giraffa (PUCRS)
Dr. Marco Antonio da Silva (Uerj)
Dr.ª Maria Altina da Silva Ramos (Universidade do Minho-Portugal)
Dr.ª Maria Joana Mader Joaquim (HC-UFPR)
Dr. Reginaldo Rodrigues da Costa (PUCPR)
Dr. Ricardo Antunes de Sá (UFPR)
Dr.ª Romilda Teodora Ens (PUCPR)
Dr. Rui Trindade (Univ. do Porto-Portugal)
Dr.ª Sonia Ana Charchut Leszczynski (UTFPR)
Dr.ª Vani Moreira Kenski (USP)

*Dedicamos este livro aos professores e professoras que amam a escola e o ofício de ensinar para formar sujeitos sociais que compreendam o papel do conhecimento matemático para consciência da realidade.*

# APRESENTAÇÃO

Este livro se dirige a estudantes de Licenciatura em Matemática e formadores(as), mas também a professores(as) da escola básica, e tem por objetivos oferecer orientações e proposições para situações de estágio curricular supervisionado, como parte da formação docente na licenciatura. Ele tem como base estudos e pesquisas na área da Educação Matemática e considera ainda as experiências dos autores, há mais de duas décadas envolvidos com a orientação e a supervisão de estágios.

Em nossa visão, a formação de professores e professoras se efetiva de modo real com o estágio, pois ele representa teoria e prática articulados, numa vivência escolar como uma transição da condição de estudante para a de professor(a).

Considerando ser a escola um lugar muito conhecido dos(as) licenciandos(as), sua presença no estágio será de reconhecimento dela, agora como docente. Só que o(a) licenciando(a) ainda não é um(a) docente, lá estando em orientação e supervisão, mas poderá fazer contato com conhecimentos e práticas próprios da docência. Esta situação de transição é muito rica e permite que sejam feitas observações, planejamentos diversificados, experimentações, de modo que podemos dizer ser o estágio um "ensaio" da docência. Um "ensaio criativo", onde muitos elementos precisarão ser observados e conhecidos pelos(as) licenciandos(as), mas também são esperadas práticas inovadoras, experimentações e aproximação real com a docência.

Destacamos aos(às) licenciandos(as) a centralidade da relação professor(a)-aluno(a) na prática docente, de modo que se torna muito importante a atenção de como se colocar diante dos discentes, como ouvi-los e os processos de construção de conhecimentos e de seu desenvolvimento no dia a dia, abordando suas dificuldades e, ainda, como realizar avaliações contínuas eficazes, respeitosas e justas.

A prática docente pode ser considerada uma prática social complexa, pois nela se articulam conhecimentos, saberes, valores, corpos, linguagens, sensibilidades, enfim, apresenta-se com ética e estética que transmitem, pela convivência e pela ação desencadeada, um conjunto de elementos centrais da formação humana no cotidiano escolar.

Trataremos neste livro de algumas questões que fazem parte do estágio e que, se compreendidas, serão como bases de apoio para um bom aproveitamento da experiência para a formação profissional. Abordaremos, então, a orientação, a supervisão, o planejamento, a prática reflexiva, formas de organização do estágio, o registro, a inclusão escolar, a avaliação da aprendizagem, o uso de tecnologias e outros assuntos.

Desejamos que nossas ideias, orientações e proposições aqui apresentadas possam contribuir para que os(as) licenciandos(as) se sintam mais seguros durante os estágios, que possam ter nesta elaboração um apoio para os seus "ensaios", que possam avançar sobre suas dúvidas e ações para construir um modo próprio de ser na docência.

Que este material possa dar um suporte para esta prática tão necessária e rica que se realizará com o estágio curricular supervisionado..

*Os autores*

# PREFÁCIO

*Vinício de Macedo Santos*
*Faculdade de Educação da Universidade de São Paulo (USP)*

Os Estágios Supervisionados considerados como atividades de prática pré-profissional, obrigatórios, exercidos por educandos em situações reais de trabalho, seguindo legislação em vigor têm antecedentes remotos. Indo além desse princípio orientador comum a diferentes leis de diretrizes e bases, os estágios assumem características diferentes a depender da profissão e do papel que histórica e socialmente tal profissão ocupa.

As considerações propostas neste prefácio referem-se ao estágio nos cursos de licenciatura de formação de professores para o ensino de Matemática, temática da presente obra. Atualmente, os estudos e pesquisas, a produção bibliográfica e o processo de institucionalização dos percursos de formação dos professores têm resultado em avanços reconhecidamente significativos sobre a questão da formação e do estágio. Entretanto, permanecem inquietações entre pesquisadores, formadores e entre os próprios futuros professores, que põem em discussão a natureza da formação teórico-prática do professor, a própria legislação, bem como sua interpretação, as diretrizes e percursos formativos do professor, entre outros aspectos. Mas, tem tido peso, como fator de inquietação entre esses atores, aqueles que decorrem das crises social, política e econômica do país, das disputas de interesses na formulação e gestão de projetos e políticas públicas, assim como da gestão dos recursos para o financiamento da educação. Os fatores que afetam a formação dos professores, é necessário explicitar e distinguir, têm sido ora de natureza interna, ora de natureza externa à educação, ou em consequência de uma e de outra.

Mas o que vem a ser o estágio no percurso formativo do licenciando? Que experiência é essa vivenciada pelo futuro professor de matemática ao realizar o seu estágio relacionado com as disciplinas pedagógicas como Metodologia do Ensino de Matemática?

Pode-se dizer que a experiência do estágio, geralmente concentrada nos últimos anos do curso de licenciatura (não precisaria ser), é o momento da formação do professor que proporciona o ingresso e o encontro do futuro professor com a escola e sua equipe, para tomar contato e conhecer diferentes aspectos de um projeto pedagógico em andamento, com foco no ensino de matemática desenvolvido na instituição. Isso compreende um trabalho de investigação do aluno sobre: 1) a dimensão do ensino de matemática, com foco na observação do trabalho do professor e na interação com o mesmo; 2) a dimensão da aprendizagem, com foco na observação das ações dos alunos na aula, nas suas interações com o professor; 3) uma iniciativa de docência do estagiário por meio da negociação e tomada de decisão junto com o professor para planejamento e realização de atividade de ensino de matemática com os alunos e afim com o currículo desenvolvido em sala de aula; 4) a dimensão da gestão pedagógica, com foco na observação e interação com direção e coordenador pedagógico, de modo a identificar como o trabalho do professor com o ensino e aprendizagem da matemática é apoiado no seu desenvolvimento. Nessa medida, o trabalho assume um caráter de pesquisa, por parte do futuro professor, o qual reunirá dados e informações para produzir suas análises e reflexões. Tais atividades contam com a fundamentação teórica e metodológica, orientação e apoio do professor da Universidade.

> O estágio curricular supervisionado, simbolicamente, transformou-se em elemento da formação inicial cercado de expectativas de toda ordem, podendo ser entendido como o lugar da prática ou como a oportunidade de articulação da teoria com a prática. Ao se falar nessa articulação, considera-se que a separação entre teoria e prática pode ter o caráter de pseudo-oposição como entende Charlot (2006) e da qual devemos escapar uma vez que, a diferentes tipos de práticas correspondem diferentes teorias (PUIG, 1998) e o que queremos destacar é a necessidade do exercício da reflexão tendo como referência uma determinada prática, em resumo, a possibilidade de teorizar a partir dessa prática (Oliveira; Santos, 2011).

Do ponto de vista da institucionalização do estágio, a partir da LDB/1996, macrorreferência principal para a educação brasileira, encontra-se um lugar reservado ao estágio, nos cursos de formação de professores. Ancorado numa compreensão sobre a articulação necessária entre teoria e prática, que ressignifica a própria prática não apenas como o lugar do fazer, mas como o contexto de produção de uma teoria sobre o fazer e como contexto em que não há lugar para a dicotomias entre saberes docentes, mesmo em condições de formação inicial para os estudantes de licenciaturas, o estágio é lócus de construção e potencialização de saberes. Por paradoxal que possa parecer, ao se tomar o estágio como contexto de aprendizagens profissionais, de mobilização de saberes, por ser uma atividade reflexiva e de produção de crítica, é salutar considerar a possibilidade de se realizar um "poder de ubiquidade" dos saberes que esta experiência proporciona ao futuro professor. Ou seja, o estágio como contexto em que saberes de diferentes origens e naturezas estão presentes ao mesmo tempo, no território consagrado à prática, esta tomada como elemento assente em teorias (admitimos, como princípio, não haver prática sem teoria) e propulsor da própria teoria.

Em resumo, com a LDB 9.394/96, apesar das Diretrizes Curriculares do Ministério da Educação (MEC) para a formação de professores, das resoluções e pareceres editados de lá para cá, por diferentes conselheiros do Conselho Nacional de Educação (CNE), que mostram oscilações, avanços e recuos, pode-se dizer que há, na atualidade, um consenso discursivo que estabelece o lugar do estágio na formação do professor.

Este livro traz pontos de vista, experiências dos professores Airton Carrião Machado, Diogo Faria e Samira Zaidan, formadores de professores e pesquisadores experientes. O propósito da obra está presente no objetivo declarado dos autores de contribuir, preenchendo uma lacuna, da falta de material didático que possa apoiar a formação do futuro professor, especificamente na realização dos seus estágios. Os diferentes temas abordados nos capítulos do livro (a aula de matemática, tecnologias da informação e comunicação e matemática, educação de pessoas com necessidades especiais, avaliação da aprendizagem) confirmam tal intenção e indicam claramente critérios orientadores de uma proposta de formação docente abraçada pelos autores. São principais beneficiários da leitura deste material os formadores de professores que cotidianamente, nos cursos de licenciatura, se defrontam com o desafio de promover uma formação possível de articular as várias dimensões do conhecimento profissional do professor. São beneficiários também os professores e coordenadores da educação básica, atores parceiros da articulação e atuação conjunta com a universidade nessa tarefa de formação de futuros professores. Vejo, portanto, como alcance da intenção dos autores deste livro reconhecer e tornar efetiva a colaboração imprescindível entre docentes da universidade e os diferentes profissionais da educação básica, constituindo um corpo único responsável pela formação profissional do futuro professor. Trata-se de, por meio da experiência com o estágio:

1. tornar mais horizontais e simétricas a relação entre universidade e escola;
2. romper dicotomias, fragmentações entre formação específica e formação pedagógica do professor, entre pensar e fazer, entre teoria e prática;
3. gerar condições para o permanente exercício da reflexão no curso de uma formação continuada, também permanente, que se anuncia como perspectiva futura.

Cumprimento os autores pela iniciativa de expor seus pontos de vista e apostar em possibilidades de percursos para o estágio. Esse marco importantíssimo da formação docente e bastante sujeito a flutuações, em que pese o respaldo que se pode encontrar na própria LDB/96 de entraves e ambivalências (muitos deles presentes em documentos legais) que se interpõem no caminho da construção de uma política forte de formação qualificada de professores para a educação básica.

## Referências:

BRASIL. Ministério da Educação (MEC). **Lei de Diretrizes e Bases para a Educação (LDB)**. Lei n.º 9394/1996. Brasília: MEC, 1996.

CHARLOT, B. A pesquisa educacional entre conhecimentos, políticas e práticas: especificidades e desafios de uma área de saber. **Revista Brasileira de Educação**, Rio de Janeiro, v. 11, n. 31, 2006.

OLIVEIRA, R. G.; SANTOS, V. de M. Inserção inicial do futuro professor na profissão docente: contribuições do estágio curricular supervisionado na condição de contexto de aprendizagem situada. **Educação Matemática Pesquisa**, São Paulo, v. 13, n. 1, p. 33-49, 2011.

# SUMÁRIO

**CAPÍTULO 1**
**COMPREENDENDO O ESTÁGIO SUPERVISIONADO** ................... 17
   1.1. Entendimentos sobre estágio supervisionado ..................................17
   1.2. Valorizando a experiência dos(as) licenciandos(as) com um Memorial ..........19
   1.3. A escolha por ser professor(a) ...................................................21
   1.4. Mudanças na educação básica e o ensino de Matemática .......................25
   1.5. A docência, como uma atividade profissional, precisa ser planejada ............28
   1.6. Formar-se como professor(a) reflexivo(a) .......................................30
   1.7. Ensinar e formar são processos inseparáveis ...................................32

**CAPÍTULO 2**
**ORIENTAÇÃO, SUPERVISÃO E REGISTRO DO ESTÁGIO** ............... 35
   2.1. A orientação do estágio ..........................................................35
   2.2. A supervisão do estágio .........................................................36
   2.3. A prática do estágio .............................................................37
   2.4. Articulação entre orientação e supervisão do estágio ..........................42
   2.5. Preparando o estágio na escola ..................................................44
   2.6. Algumas formas de organização do estágio na escola ..........................46
      2.6.1. Os(as) estagiários(as) escolhem as escolas .................................46
      2.6.2. Todos os(as) estagiários(as) juntos numa só escola ........................48
      2.6.3. Estágio em duplas em escolas articuladas previamente ....................49
      2.6.4. Estágio por tempo concentrado na escola ..................................51
   2.7. Observação, participação e regência articulados ...............................52
   2.8. Sugestão de roteiro para a observação da escola ...............................53
   2.9. Plano de aulas – sequência didática .............................................55
   2.10. Os registros do(a) professor(a) .................................................57
   2.11. Sugestão de registro diário do estágio ........................................61

**CAPÍTULO 3**
**A AULA DE MATEMÁTICA** ............................................... 63
   3.1. Um histórico de aulas expositivas no ensino de matemática ...................64
   3.2. Repensando a formação docente durante a licenciatura ........................68
   3.3. Entendimentos sobre o que é a matemática ....................................71

3.4. Diversificar metodologias no ensino de matemática...........................74
    3.4.1. A resolução de problemas......................................79
    3.4.2. A investigação ...............................................80
    3.4.3. Os projetos de trabalho na escola ..............................82
    3.4.4. Modelagem matemática ..........................................83
3.5. O aluno que sabe e não sabe que sabe (sobre sistematização e formalização)....84
3.6. Uma atenção especial à relação professor(a)-aluno(a).........................89

# CAPÍTULO 4
# TECNOLOGIAS E EDUCAÇÃO MATEMÁTICA: A UTILIZAÇÃO DAS TECNOLOGIAS NAS AULAS DE MATEMÁTICA NA EDUCAÇÃO BÁSICA..........................93

4.1. Introduzindo a temática ....................................................93
4.2. O uso de tecnologias na educação matemática.................................96
4.3. O uso das tecnologias digitais e o currículo da escola básica...............100
4.4. Recursos tecnológicos que podem ser utilizados nas aulas de matemática na educação básica..........................................................105
    4.4.1. A calculadora ................................................106
    4.4.2. Linguagem Logo................................................107
    4.4.3. Softwares de geometria dinâmica...............................108
    4.4.4. GeoGebra......................................................108
    4.4.5. Aplicativos...................................................109

# CAPÍTULO 5
# A EDUCAÇÃO DAS PESSOAS COM NECESSIDADES ESPECIAIS......113

5.1. Da rejeição a aceitação....................................................113
5.2. Educação Integrada ou Inclusiva............................................122
5.3. O papel do(a) professor(a) na escola inclusiva.............................129
5.4. Conclusão .................................................................133

# CAPÍTULO 6
# A AVALIAÇÃO DA APRENDIZAGEM NO ENSINO DE MATEMÁTICA . 137

6.1. Entendimentos sobre a avaliação da aprendizagem............................139
6.2. O(a) estagiário(a) e a avaliação da aprendizagem ..........................147
6.3. Instrumentos de avaliação formativa da aprendizagem .......................148
    6.3.1. Prova.........................................................148
    6.3.2. Observação....................................................152
    6.3.3. Lista de exercícios ..........................................153

6.3.4. Atividades a serem feitas em casa – estimulando o estudo para além da sala de aula. . . . . . . . . . . . . . . . . . . . . . . . . . . . . . . . . . . . . . . . . . . . . . . . . . . . . . . . . . . . .153

6.3.5. Trabalhos em duplas ou em pequenos grupos . . . . . . . . . . . . . . . . . . . . . . . . . . . .154

6.3.6. Participação na sala de aula . . . . . . . . . . . . . . . . . . . . . . . . . . . . . . . . . . . . . . . . . .155

6.3.7. Relatório. . . . . . . . . . . . . . . . . . . . . . . . . . . . . . . . . . . . . . . . . . . . . . . . . . . . . . . . . .155

6.3.8. Portifólio . . . . . . . . . . . . . . . . . . . . . . . . . . . . . . . . . . . . . . . . . . . . . . . . . . . . . . . . .155

6.3.9. Autoavaliação. . . . . . . . . . . . . . . . . . . . . . . . . . . . . . . . . . . . . . . . . . . . . . . . . . . . .156

6.4. A avaliação em atividades investigativas . . . . . . . . . . . . . . . . . . . . . . . . . . . . . . . . . . .156

6.4.1. Debate . . . . . . . . . . . . . . . . . . . . . . . . . . . . . . . . . . . . . . . . . . . . . . . . . . . . . . . . . . .157

6.4.2. Projeto interdisciplinar . . . . . . . . . . . . . . . . . . . . . . . . . . . . . . . . . . . . . . . . . . . . . .157

6.5. O uso de tecnologia na avaliação. . . . . . . . . . . . . . . . . . . . . . . . . . . . . . . . . . . . . . . . . .158

6.6. Conclusão . . . . . . . . . . . . . . . . . . . . . . . . . . . . . . . . . . . . . . . . . . . . . . . . . . . . . . . . . . . .158

# REFERÊNCIAS . . . . . . . . . . . . . . . . . . . . . . . . . . . . . . . . . . . . . . . . . . . . . . . . . . . . . . . . . 161

# NOTAS. . . . . . . . . . . . . . . . . . . . . . . . . . . . . . . . . . . . . . . . . . . . . . . . . . . . . . . . . . . . . . . . 171

# Capítulo 1

# COMPREENDENDO O ESTÁGIO SUPERVISIONADO

Neste capítulo iremos tratar de entendimento de estágio, seu papel e funções que desempenha na formação docente e de alguns temas que se entrelaçam e que podem apoiar a organização do(a) estudante para o estágio.

## 1.1. Entendimentos sobre estágio supervisionado

O estágio curricular supervisionado é uma fase da formação inicial, na licenciatura, quando é proporcionado o contato direto do(a) licenciando(a) com a escola básica. Este momento é especial porque o(a) estudante licenciando(a) vai à escola, lugar em que viveu e estudou durante anos e que conhece muito bem, mas com um olhar e uma postura diferentes, agora como futuro(a) professor(a) e, em suas atuações, já até mesmo como professor(a).

Em trabalhos que analisam as pesquisas sobre o estágio curricular supervisionado, Anemari Lopes *et al.* (2017) apresentam o seguinte entendimento:

> [...] é fundamental reconhecer o Estágio como um espaço de aprendizagens, complementar às disciplinas oferecidas em sala de aula, no qual se dá a inserção na realidade escolar, o que permite aprender com a prática dos docentes da escola e com sua experiência, ao interagir e vivenciar ações de ensino e aprendizagem com os alunos. Considerar o Estágio como espaço complementar à formação do licenciando implica compreendê-lo como uma etapa que deve estar presente em todo o processo de formação, articulando teoria e prática (Lopes *et al.*, 2017, p. 77).

Estão envolvidos diretamente no estágio curricular supervisionado da Licenciatura em Matemática um conjunto de pessoas: o(a) licenciando(a), como estagiário(a); o(a) professor(a) da Universidade/Instituto, comumente denominado professor(a) orientador(a); o(a) professor que receberá o(as) estagiários(as) na Escola, denominado por professor(a) supervisor(a). Há outros(as) profissionais: na escola temos o(a) diretor(a), coordenadores(as), profissionais administrativos e outros; na universidade/instituto pessoal administrativo, geralmente de uma central de estágios.

A orientação do estágio desenvolve-se por um conjunto de procedimentos, coordenados por professores formadores da Universidade/Instituto para: a escolha da escola, preparação prévia do licenciando com um roteiro de observação e orientações, os registros a serem feitos, encaminhamento/acompanhamento do estágio, síntese e análise da experiência, podendo-se ainda apresentar uma produção final (relatório, portifólio e outros).

O tempo destinado ao estágio, previsto em lei, é de no mínimo 400 horas[1], podendo ser organizado em semestres letivos com distribuição de horas para orientação, supervisão e ações dos(as) licenciandos(as) na escola. Tudo isso pode variar, mas há ações que podem ser preliminares e ações que ocorrem de modo concomitante ao estágio. Vamos falar sobre elas mais adiante.

Os autores a seguir citados analisaram pesquisas que tratam do Estágio Curricular Supervisionado na formação do professor de matemática dos anos finais do ensino fundamental e do ensino médio. Para eles,

> Embora as pesquisas tenham sido desenvolvidas de formas distintas, para entender como se desenvolve o Estágio – em seus diferentes contextos – é preciso considerar que os resultados indicam, de modo geral, dois aspectos importantes: a concepção de Estágio como espaço de indissociabilidade entre teoria e prática, que apresente de modo articulado, a sua dependência fundamental para os futuros professores; e a compreensão, pelos acadêmicos entrevistados [na pesquisa em questão], das condições subjetivas e objetivas que permeiam o movimento de aprendizagem da docência no âmbito do Estágio, tais como medos, inseguranças, problemas (Lopes; Paiva; Pereira; Pozebon; Cedro, 2017, p. 82).

Desse modo, o estágio, como uma prática pedagógica, articula teoria e prática com professores(as), alunos(as) destes e licenciandos(as), em condições objetivas, conforme a realidade em que se insere, mas também em condições subjetivas. As práticas de estágio e o seu acompanhamento pelo(a) supervisor(a) e orientador(a) podem criar espaços para se abordarem as inseguranças, os medos e as dificuldades que podem surgir, mas também se abrem a experimentações e inovações.

O que é inicialmente essencial na transição que se vive entre ser aluno(a) e professor(a) no estágio é compreender que não existe docência sem discência. Conforme Teixeira (2007), "a condição docente se instaura e se realiza a partir da relação entre docente e discente, presentes nos territórios da escola e da sala de aula em especial". Trata-se do(a) professor(a) e o(a)s estudantes na escola e na sala de aula em uma relação entre humanos, de idades diferentes, origens possivelmente diferentes, visões do social e da política também diferentes e condições de vida diversas, mas muito forte e potencialmente realizadora de aprendizagens.

A escola é um ambiente importante na vida social, nela, crianças, adolescentes, jovens e adultos passam horas, durante anos, onde se formam na convivência e no contato com muitas outras pessoas, envolvendo conhecimentos, saberes, atitudes, valores e sentimentos. Aprendem os estudantes uns com os outros, aprendem com seus professores e professoras, também com demais profissionais da escola.

## 1.2. Valorizando a experiência dos(as) licenciandos(as) com um Memorial

A escola é uma antiga conhecida de todos os(as) estudantes de licenciatura, nela estiveram presentes por pelo menos onze anos, mas agora uma nova visão sobre essa instituição será construída. Esse novo lugar, como professor ou professora, poderá ser melhor observado e vivenciado com o estágio curricular.

Assim sendo, ninguém chega ao estágio totalmente sem conhecimento da escola, já traz consigo uma visão fruto da experiência ou ainda de estudos já realizados. Há também situações em que o(a) licenciando(a), quando vai ao estágio, já exerceu ou exerce a docência, como monitor(a), professor(a) temporário(a), substituto ou efetivo. Importante se torna, então, considerar durante a formação inicial o conhecimento que já existe sobre a escola.

Como sugestão inicial, pode-se valorizar a bagagem dos(as) estudantes, com a retomada da experiência estudantil, propondo a elaboração de um trabalho dedicado ao processo individual de construção de cada um, que pode ser apresentado na forma de Memorial, que pode ser assim entendido:

> Texto acadêmico autobiográfico no qual se analisa de forma crítica e reflexiva a formação intelectual e profissional, explicitando o papel que as pessoas, fatos e acontecimentos mencionados exerceram sobre si. Adota-se a hipótese de que nesse trabalho de reflexão autobiográfica, a pessoa distancia-se de si mesma e toma consciência de saberes, crenças e valores, construídos

ao longo de sua trajetória. Nesse exercício, ela se apropria da historicidade de suas aprendizagens (trajeto) e da consciência histórica de si mesma em devir (projeto) (Passeggi, Verbete, 2010).

Para isso, iremos propor uma atividade com o objetivo de relembrar a experiência estudantil, favorecer o reconhecimento e entrosamento dos(as) licenciandos(as) com a escola. Nesse sentido, a promoção de um retorno à experiência como estudante, especificamente de suas vivências na escola básica, deve ser vista como um meio de promover uma reflexão sobre o que já foi vivido. Esse resgate da experiência escolar poderá contemplar também as razões que levaram cada um(a) à escolha da profissão docente e, nela, a opção pela Matemática. Segue a sugestão.

## Atividade: memória de estudante e expectativas com o estágio

> Licenciando(a),
>
> Faça uma breve descrição sobre sua experiência de estudante a partir de suas lembranças, podendo recorrer à educação infantil, fundamental, média e também à superior até o momento atual; destaque o que te marcou mais, suas experiências e suas percepções; escreva sobre o que aprendeu, o que motivou momentos de alegria, de tristeza; se há lembranças sobre como era o ensino da Matemática; também sobre como eram seus professores e colegas.
>
> Enquanto faz o relato, faça, se possível, em cada fase, uma análise crítica de como viveu essas experiências, o que significaram para você.
>
> Procure ao final explicar: por que a escolha da profissão docente? Por que a Matemática?
>
> Apresente também sobre as suas expectativas com o estágio.

Lembre-se que a referência à educação básica (ou escola básica) diz respeito à educação de zero a 18 anos, ou seja, a educação infantil, o ensino fundamental, o ensino médio regular ou profissional, assim como a modalidade educação de jovens e adultos. Também é importante nesta atividade resgatar as aprendizagens de disciplinas da Educação, pensar nas características dos estudantes de cada idade de formação (infância, adolescência, juventude, adultos) e, ainda, os objetivos da escola[2].

Sugerimos aos professores fazer a exploração de elementos que surjam nos memoriais, o que pode ainda enriquecer mais as questões próprias da docência, seja pelo reconhecimento de problemas estruturais ou conjunturais, seja pela valorização da formação já adquirida e por compreender a escolha da profissão.

Um retrato da turma pode ser constituído com este trabalho, as experiências, bagagens e expectativas, mas também poderá indicar elementos da educação básica que cursaram, geralmente em décadas que são comuns.

## 1.3. A escolha por ser professor(a)

Para ser professor, do ponto de vista da escolha pessoal, assim como para qualquer outra profissão, é preciso se sentir identificado(a), querer e ter disposição. Especificamente, ser professor implica, necessariamente, dispor-se a assumir um papel de formador, aquele que irá contribuir para que o(a) aluno(a) tenha um contato organizado com os conhecimentos acumulados e que a sociedade considera necessários às novas gerações, mas também, e ao mesmo tempo, aquele que será uma referência para seus educandos em questões como ética, relações interpessoais e a própria vida. Lembre-se da importância que teve em sua via o contato com colegas e professores(as).

Quem não teve professores(as) inesquecíveis? Aquele/aquela que marca a vida de cada um, seja por conhecimentos que deixou, seja pelas relações que estabeleceu com a turma ou ainda por qualquer atitude que ganhou significado nas convivências escolares. Há também professores inesquecíveis por atitudes autoritárias e injustas para com estudantes, o que deve merecer de nós, educadores, uma reflexão e crítica, procurando situar o porquê de tais ações, para que essa prática não se repita em nossa própria experiência. As relações entre professores e seus alunos são marcantes.

Hoje temos visto muitas controvérsias na profissão, ora ser professor(a) é algo muito bom, reconhecido pela sociedade por ser uma profissão para formar crianças, jovens e adultos; ora ser professor(a) é desdenhado e desvalorizado por ter de lidar com uma realidade bastante complexa, com as questões de cada idade e geralmente citado pela baixa remuneração. Há na profissão docente um lado relativo às dificuldades e outro das realizações.

Para lidar com essa realidade social e escolar, a sociedade apresenta muitas exigências, mas não tem oferecido as condições adequadas para o trabalho docente, principalmente quando se trata de escola pública. Como profissional da educação, o(a) professor(a) se realiza nas relações sempre ricas com os seus estudantes, com os resultados das aprendizagens e do desenvolvimento dos educandos, pela construção coletiva com colegas de projetos nas escolas. Por outro lado, os salários são baixos e obrigam à dupla jornada, algumas vezes à tripla jornada, deixando as condições de trabalho ruins, com raras exceções, constituindo uma grande categoria profissional que está sempre em luta por seus direitos.

Temos visto nas escolas que o dia a dia da docência tem, de fato, muitos desafios. Trata-se de um cotidiano marcado por uma lida com grupos de estudantes heterogêneos nas aprendizagens e nos comportamentos, em situações que podem não ser adequadas de trabalho, de modo que temos encontrado docentes, muitas vezes, desanimados. Nem sempre se constituem nas escolas coletivos de professores em trabalho colaborativo, o que facilitaria e qualificaria a atuação dos docentes e seria de grande apoio aos novos docentes. Vemos professores que mostram uma atuação de busca por avanços, procurando planejar e realizar o seu trabalho com dignidade e competência. Outros nem tanto, expõem aos seus alunos as dificuldades da profissão, fragilizando a relação professor(a)-aluno(a).

A organização escolar adotada em cada escola exerce forte influência sobre tudo isso, pois se mostra fragmentada quando foca apenas a turma, o ano ou as disciplinas, dificultando também nos seus tempos e espaços a formação de coletivos. Algumas escolas adotam os ciclos, que são tempos mais longos, favorecendo o planejamento e a ação de coletivos docentes e discentes.

Trabalhar e articular com os colegas professores pode ser uma ação essencial na profissão. De um lado, o trabalho coletivo exige a dedicação de cada um até que se construa um ritmo comum e profícuo; de outro lado, o trabalho individual coloca o profissional solitário diante dos desafios da prática. Muitas práticas escolares têm optado por favorecer coletivos de docentes e estudantes, seja por área, por ciclo ou por interesse, de modo que aí podem socializar, estudar e atuar conjuntamente.

A denominada "escola para todos", ou seja, a universalização da educação básica, projeto nacional presente na Constituição Federal e nas leis da Educação desde a década de 1990 do século passado, é um avanço da sociedade atual, especialmente no Brasil, onde se convivia com altíssimos índices de analfabetismo. Como decorrência da universalização da Educação Básica e/ou por exigência dos tempos em que todos os cidadãos têm mais direitos sociais, vemos que a escola se abre e com isso amplia a diversidade e a heterogeneidade de seus educandos, retrato de nossa própria sociedade.

Com uma tradição de ensino de aulas expositivas, tem-se difundido no pensamento pedagógico atual a defesa da diversificação de metodologias de ensino, sendo o ensino de Matemática sempre apontado como exemplo da necessidade de se operar essa mudança, especialmente por ter esta área um caráter abstrato e a expressão formal numa linguagem própria. Desenvolveu-se no ensino de Matemática um modo de ensinar hegemônico, quase que exclusivamente com aulas expositivas e provas (matéria, exemplos, exercícios e prova).

Para diversificar metodologias e ser criativo(a), o(a) professor(a) necessita conhecer bem os conteúdos que trabalha, ter tempo para planejar e, além disso, ter capacidade de coordenar (planejar, dialogar, ensinar de modo criativo, observar dificuldades etc.) os grupos de estudantes. É o desafio maior que se coloca no âmbito da prática pedagógica. Desafio este que também está na licenciatura.

Além disso, o(a) professor(a) necessita dominar o uso de tecnologias digitais, avaliar qualitativamente os seus alunos, atuar em comum com os colegas docentes naquelas ações pertinentes, comunicar-se com os pais etc.

Para atuar nesse sentido, vamos tratar de algumas definições, baseadas na proposta do educador português António Nóvoa s/d), que, dentre muitos outros estudiosos, trata da *profissionalidade docente* que se constrói na *pessoalidade docente*. Ele propõe pensar: o que é ser um bom professor? Para responder a essa pergunta, propõe cinco tópicos que apresentamos a seguir:

1. Ter conhecimentos – dominar os conceitos disciplinares, especialmente conhecimentos para pensar e ensinar.
2. Compreender a cultura profissional – a escola, os colegas, os estudantes, a prática cotidiana, a inovação, a avaliação; compreender as rotinas e integrar-se de modo crítico e criativo.
3. Ter tato pedagógico – conhecer metodologias, dispor-se a explorá-las, dispor-se a relações, paciência para a condução do outro.
4. Dispor-se a trabalhar em equipe – sempre que possível valorizar a colaboração, a troca de ideias e a ação articulada entre os pares e com os seus alunos.
5. Ter compromisso social – sempre entender que sua ação é educativa, valores da inclusão e da diversidade, comunicar-se, conduzir seus educandos a ultrapassar fronteiras socioculturais.

Na prática docente: sempre será preciso estudar e voltar a algum conteúdo que se pretende ensinar; sempre se está buscando melhorar profissionalmente; há sempre alguma forma de criar espaços para inovações; dialogar com os pares e atuar em coletivos potencializa as ações e seus resultados; na prática docente sempre somos educadores(as).

O autor propõe e analisa esses pontos, destacando que, em todo o mundo, a formação de professores considerou pouco os aspectos internos da profissão e, com isso, sugere abandonar uma visão histórica que pensa que a profissão docente se define pela capacidade de transmissão de determinado conhecimento, o que leva a entender que o conhecimento pode ser ensinado de modo separado das relações e de metodologias de ensino. Propõe pensar em um terceiro campo, justamente o que não separa o conhecimento científico do conhecimento pedagógico, caracterizando assim um campo específico do conhecimento profissional docente.

Destaca-se a ideia de formar o(a) professor(a) "dentro da profissão", isto é, junto com professores experientes, dentro da dinâmica da vida profissional, acessando novas metodologias, discutindo as dificuldades de modo compartilhado. A prática pedagógica se apresenta como rotineira, mas não é; de fato, cada dia é um dia, cada turma tem suas especificidades, típicas de relações entre humanos. A riqueza da profissão está nessas relações, no entendimento de serem os processos de ensino necessariamente formativos, com desafios cotidianos. Assim sendo,

> Ao longo dos últimos anos, temos dito (e repetido) que o professor é a pessoa, e que a pessoa é o professor. Que é impossível separar as dimensões pessoais e profissionais. Que ensinamos aquilo que somos e que, naquilo que somos, se encontra muito daquilo que ensinamos. Que importa, por isso, que os professores se preparem para um trabalho sobre si próprios, para um trabalho de auto-reflexão e de auto-análise (Nóvoa, [2018], p. 6)

As experiências docentes podem ser prazerosas e comprometidas com um posicionamento dos sujeitos aprendentes com a sua realidade, formando-se a si próprios como cidadão e para a vida profissional.

Os desafios são grandes, a heterogeneidade das pessoas, os dilemas que a vida coloca indicam a necessidade de compartilhamento, de ação coletiva docente enquanto formadores, ensinando e aprendendo. Há muitas práticas de formação de grupos, seja por área, por turno ou por afinidades entre os docentes, de modo a pensar a prática e construir alternativas. Segundo Antônio Nóvoa [2018]: "A competência coletiva é mais que o somatório das competências individuais".

A prática pedagógica docente[3] é uma prática social complexa que acontece em diferentes espaços e tempos da escola, no cotidiano de professores e estudantes. Trata-se de constante relação entre professor-aluno-conhecimentos-saberes-valores-sensibilidades. Trata-se de relações entre humanos, logo nada se separa, tudo junto está presente no dia a dia da sala de aula e das atividades na escola.

A prática pedagógica também sofre interferências das condições gerais, como as políticas nacionais, e é determinada por um "jogo de forças", interferindo em questões de ordem local e geral, dependendo muito das pessoas que ali estão e das condições de trabalho, dos poderes estabelecidos, do momento que se vive do ponto de vista político e social. Assim temos situações diferenciadas em escolas municipais, estaduais e federais. Muitas vezes, até mesmo dentro de uma mesma escola, as situações dos turnos são diferenciadas, pois ali estão coletivos diferenciados.

A prática pedagógica é dirigida pelo(a) professor(a) e se constrói no cotidiano, logo o(a) professor(a) não é mais um(a) no processo, é sim coordenador(a) do processo. Na prática pedagógica estão presentes, simultaneamente, *ações práticas mecânicas e repetitivas*, necessárias ao desenvolvimento do trabalho do professor e à sua sobrevivência nesse espaço, assim como *ações práticas criativas* inventadas no enfrentamento dos desafios de seu trabalho cotidiano. São as ações criativas resultado de um momento em que o(a) docente enfrenta desafios e precisa dar respostas ou, então, são frutos de sua reflexão e elaboração. Quanto mais consciente de suas ações, mais o(a) professor(a) compreende, se desenvolve e proporciona que os seus estudantes se desenvolvam.

A profissão docente se apresenta, assim, como desafiante, importante e pode ser de grande satisfação profissional. Isso porque lida com pessoas, pessoas em formação, enquanto é também um espaço de formação docente, não mecânica, e sim criativa, com desafios próprios da humanidade nos dias de hoje, entre eles lidar com a diversidade e a diferença para proporcionar aprendizagens e desenvolvimento.

## 1.4. Mudanças na educação básica e o ensino de Matemática

Tem sido importante considerar na formação docente as condições da realidade em nosso país, especificamente as grandes mudanças que ocorreram desde o século passado. Vamos falar sobre a universalização, democratização e inclusão na educação básica vivenciadas desde o final do século passado. Vamos abordar alguns conceitos necessários, propor um entendimento da docência na educação básica, suas funções e a importante tarefa de planejamento.

A universalização diz respeito à escola básica concebida como um direito de todos, da infância à vida adulta, uma luta histórica da população, que é institucionalizada em lei desde 1988 e que tem orientado as políticas públicas em todos os níveis. Nesse sentido, a educação de 4 até 15 anos é dirigida para todos, independentemente de classe social: a educação infantil, o ensino fundamental e o ensino médio (há também modalidades de educação de jovens e adultos e educação especial).

Até os anos 1990, a entrada na escola estava prevista em lei para se dar a partir dos sete anos de vida, era grande o número de ingressantes nessa idade, porém poucos concluíam a educação básica, prevista para durar oito anos. A escola era marcada por altíssimos índices de reprovações e de evasão. Já no final do quarto ano muitos estudantes abandonavam a escola, ocorrendo o mesmo ao final do oitavo ano, o que se denominava como "fracasso escolar". Em muitos lugares do país, a oferta de vagas era menor do que a procura; problemas de ordem pedagógica podem ser situados, isso porque a escola mantinha um funcionamento muito rígido, como uma escada onde poucos conseguiam subir até o final. Ou seja, uma visão de escola "gradeada", nas palavras de Miguel Arroyo, que resultava em ser a educação básica seletiva e classificatória.

> O que estamos sugerindo é colocar as análises, tanto do fracasso quanto do sucesso escolar, para além dos tradicionais diagnósticos reducionistas que os identificam com supostas capacidades dos alunos e dos mestres ou com o grau de eficiência dos métodos, isolando a estrutura e o funcionamento do próprio sistema educacional. Destacamos que estes não constituem apenas o palco onde acontecem os processos pedagógicos. Sugerimos que as análises e as propostas sejam mais enfáticas com o peso que as próprias estruturas escolares têm no fracasso-sucesso escolar. Referimo-nos à escola e ao sistema de ensino enquanto unidade organizada, burocratizada, segmentada, gradeada. Enfim, a escola enquanto modelo social e cultural de funcionamento organizativo. Esses aspectos são determinantes dos processos e dos produtos. Eles são os produtores dos fracassos e dos sucessos (Arroyo, 1992, p. 47).

Também muitos ficavam fora da escola por estarem comprometidos com o trabalho para colaborar com o sustento da família. Quem ficava fora da escola? As estatísticas informam que eram os estudantes mais pobres e, particularmente, os negros. O sistema avaliativo escolar, pode-se dizer, visava à homogeneidade, de modo que os estudantes tinham de se enquadrar ou eram repetidamente reprovados até a desistência.

É preciso lembrar que a disciplina Matemática sempre apresentou índices altíssimos de reprovação na escola básica, servindo como um dos fatores de exclusão.

Este quadro modificou-se a partir das décadas 1980/1990 nas legislações em todos os âmbitos, passando a definir a educação como direito social, de modo que a escolarização hoje é oferecida a todos, por isso se diz universal. Também se diz universal porque a sociedade define qual é o conhecimento básico que todos devem saber e aprender, ou seja, pretende-se que seja oferecida uma formação básica e geral para todos. Sabe-se, contudo, que há fatores sociais que interferem fortemente, entre eles as desigualdades e diversidades de nossa sociedade, fazendo com que o desenvolvimento dos(as) educandos(as) seja diferenciado. Assim, se há conhecimentos considerados essenciais a serem ensinados na escola, há de haver também conhecimentos e práticas diferenciadas, conforme os agrupamentos de estudantes presentes na escola e a história da constituição dos conhecimentos. É preciso, então, saber reconhecer diferentes contextos de atuação, da localização e condições da escola, de modo que os desdobramentos das leis e as condições para uma real universalização com diferenciação ainda estão em construção em nosso país.

A ideia da <u>educação democrática</u> também vem sendo buscada como uma construção social das últimas décadas, sempre reivindicada por educadores e movimentos sociais. Com ela, vem se construindo estruturas mais coletivas nas escolas públicas (reuniões docentes, reuniões discentes, conselho escolar), em redes de ensino as direções e coordenações sendo eleitas pela comunidade escolar, e não indicadas por políticos, como era antes. As estruturas da escola se democratizaram, ampliando a participação dos docentes nas decisões político-pedagógicas, mas também aumentando a responsabilidade de cada um sobre o coletivo.

Os avanços na sociedade, como já dito, como a ampliação dos direitos dos cidadãos, especialmente das crianças, adolescentes, jovens, adultos e idosos, traz para a escola um educando diferenciado, pois a sociedade é diferenciada. Assim, os estudantes hoje têm direito a se expressar, não podem ser punidos fisicamente, pedem pelo diálogo e pela construção compartilhada das regras disciplinares e coletivas. A autoridade docente se impõe pela razão, pelo diálogo e cumprimento de normas estabelecidas, e não mais por ações arbitrárias e autoritárias. Mais que isso, os(as) discentes e a sociedade requerem aprendizagens significativas, que façam sentido em suas vidas.

Tais mudanças conectam a docência cada vez mais a uma perspectiva humanista e formadora, seja qual for a sua área de especialização. Nesse sentido é que definimos todo professor(a) como educador(a).

A <u>inclusão</u> é outro princípio educativo em desenvolvimento em nosso país, por propor incluir as pessoas com deficiências na escolarização regular, por conceber a deficiência como um componente da vida humana, que precisa ser entendida, respeitada e considerada em processos coletivos. A deficiência, na visão de inclusão que hoje está determinada em lei, diz respeito a todo e qualquer tipo, devendo se contar com interlocução e apoio em caso de deficiências mais graves. Isso não quer dizer que basta colocar o(a) estudante que tenha uma deficiência na escola regular, quando antes ele/ela ficava em casa ou, quando podia, recorria a um atendimento diferenciado e especializado. Aos(às) professores(as) e aos(às) estudantes também é preciso que seja oferecido um apoio claro e adequado para cada caso, exigindo um investimento grande, o que tem tornado a consolidação dessa política muito complexa. Muitas são as questões que ainda não estão pacificadas sobre a inclusão escolar, que serão aqui mais bem discutidas no Capítulo 5. Em razão desse novo desafio, a prática docente também passa por transformações.

Pensar, ainda, que se vive hoje em contextos sociais de mudanças é preciso, em um <u>mundo globalizado e tecnológico</u>, o que ajuda a compor a análise que aqui se faz. As tecnologias vêm mudando as relações, abrem caminhos para novas abordagens metodológicas, oferecem mais recursos para as práticas investigativas e precisam ser incorporadas à docência.

Tudo isso tem levado à ideia de ser a escola um lugar difícil; os alunos são questionadores e irreverentes, confluindo em diferentes universos culturais que convivem no dia a dia. Contudo, a escola pode ser vista como um lugar de riqueza, onde convivem as diversidades, onde se ensina e aprende, onde as gerações se encontram.

## 1.5. A docência, como uma atividade profissional, precisa ser planejada

Em realidade, a escola mudou muito com tudo isso que se vive nos tempos atuais, por ser concebida como um tempo-espaço de encontro, de socialização, de aprendizagem e desenvolvimento de uma população que é muito diferenciada. Assim, a docência é entendida como uma ação muito importante, seja para acolher e proporcionar aprendizagem e desenvolvimento dos(as) educandos(as), seja para formar para a convivência com uma sociedade democrática, que reconhece direitos de crianças, adolescentes, jovens, adultos e idosos.

O estudante passivo, obediente, que se curva diante dos profissionais, não mais comparece à escola. Os espaços das crianças, adolescentes, jovens, adultos e idosos na sociedade ampliaram-se. O(a) estudante questiona, quer participar, quer decidir e, muitas vezes, não mostra interesse ou mesmo o respeito ao convívio social e à vida coletiva que a escola pode oferecer, mas pode aprender. São conflitos de gerações, conflitos de origens e experiências culturais diferenciadas e de interesses também diferenciados que, com a "escola para todos", desagua no cotidiano escolar. As práticas de irreverência são também questionamentos diante de práticas enfadonhas da escola, de aulas repetitivas e cansativas, professores autoritários e muitas vezes desrespeitosos. A relação professor-aluno é um grande desafio para a docência, especialmente nesses tempos de inclusão e universalização.

Embora se possam considerar esses aspectos levantados como gerais em toda a sociedade e escolas, cada realidade escolar tem suas especificidades. É preciso, então, que os(as) novos(as) docentes se preparem para refletir sobre o seu trabalho, perguntando-se:

Que escola é esta?

Em que comunidade se insere?

Como me organizar e planejar para nela atuar?

A formação deve proporcionar que o(a) licenciando(a) se prepare para compreender o momento de uma sociedade de direitos que vivemos hoje e, especialmente, aprenda a olhar e compreender o contexto escolar em que se insere como educador(a).

No contexto social das últimas décadas, o(a) professor(a) de Matemática vem passando por fortes mudanças, provavelmente por ser esta área muito importante para toda a sociedade e muito valorizada na escola, dele(a) são exigidos atitudes e resultados. Como já citado, o ensino de Matemática, tradicionalmente, é um ensino baseado na transmissão de conhecimento, identificado com altos índices de reprovação e de dificuldades de aprendizagem. Infelizmente, tal situação vivida com constância na escola básica e também na licenciatura. O(s) estudantes, muitas vezes, manifestam medo da matemática. O discurso corriqueiro na escola e na sociedade coloca a Matemática como disciplina difícil e pouco acessível, levando até a que estudantes tenham indisposição com ela, e até mesmo traumas.

O(a) professor(a) de Matemática é pressionado a modificar isso e a mostrar um conhecimento que seja útil, que faça sentido na construção da cidadania, da vida social e profissional.

Por tudo isso, a formação de professores(as) precisa se revestir ainda mais de um caráter profissional, de ter um planejamento com objetivos claros, com estratégias adequadas e consciência de sua condição. Ainda mais para o(a) professor(a) de Matemática, que vive o desafio de melhorar as condições de aprendizagem. Planejar sua ação individual, planejar com os colegas sempre que possível, se organizar, tudo isto é necessário para uma prática consequente e construtiva para o(a) próprio(a) docente.

Em síntese, é preciso que na licenciatura o(a) futuro(a) professor(a), munido de suas experiências e formação específica, aprenda a: conhecer e analisar seus contextos de atuação quando estiver na escola, ou seja, que escola é essa, onde se situa, como se organiza, qual a sua história; reconhecer seus alunos (suas idades de formação, comunidades a que pertencem, seus interesses e desafios) e os colegas (sua formação e possibilidades de ação conjunta); fazer diagnósticos, considerar a comunidade em que se insere, se organizar e se planejar. Neste livro podem ser encontradas orientações para planejamento de aulas.

## 1.6. Formar-se como professor(a) reflexivo(a)

A ideia do "professor reflexivo", baseada na preparação para uma prática consciente, que está sempre se modificando, que demanda planejamentos e estudos, tem sido apresentada e pode apoiar a prática docente. O(a) professor(a) não se torna "pronto" com a sua formação inicial na licenciatura. A formação é concebida como permanente, contínua, deve prosseguir durante toda a vida profissional como em qualquer outra profissão. Para isso, a perspectiva de uma prática reflexiva tem se colocado.

Kenneth Zeichner (2008), pesquisador americano que se identifica com a educação pública e democrática, explica que o objetivo de uma prática docente sempre reflexiva vem inicialmente com uma reação por serem, muitas vezes, tratados como técnicos, tendo que cumprir determinações externas. Nesse sentido, conhecer a realidade e realizar constantes análises de sua própria prática, tem sido uma maneira de os(as) professores(as) não se tornarem passivos diante de imposições que possam se colocar, particularmente em fases de reformas educacionais, mas serem ativos e conscientes do seu desenvolvimento profissional.

O autor entende que, com isso, reconhece-se que os(as) professores(as) são profissionais que planejam suas ações e objetivos, isto é, o reconhecimento de que o ensino está nas mãos dos(as) professores(as) e estes(as) também constroem conhecimentos a partir de sua própria prática. O conceito de professor(a) como prático reflexivo se apoia no reconhecimento da riqueza da experiência da prática dos "bons professores". Isso vai significar que a melhoria do ensino se dá com o entendimento e a reflexão sobre o próprio ensino, pelo(a) próprio(a) docente, juntamente com seus colegas, localizando os avanços e as dificuldades, construindo alternativas baseadas em estudos e experiências, como parte da vida docente.

Essa visão profissional incorpora também o reconhecimento de que o processo de aprender a ensinar se prolonga durante toda a carreira e que, independentemente do que fazemos nos programas de formação de professores e do modo como o fazemos, no melhor dos casos só se pode preparar para começarem a ensinar. Com o conceito de ensino reflexivo, os(as) formadores(as) têm a obrigação de ajudar os(as) futuros(as) professores(as) a interiorizarem, durante a formação inicial, a disposição e a capacidade de estudar a maneira como ensinam e de melhorá-la com o tempo, responsabilizando-se pelo seu próprio desenvolvimento profissional.

Numa indicação de que a produção de conhecimento sobre a docência não ocorre apenas em universidades e centros de pesquisa, Zeichner ainda alerta para o papel de destaque que os(as) professores(as) devem ter:

> O movimento da prática reflexiva envolve, à primeira vista, o reconhecimento de que os professores devem exercer, juntamente com outras pessoas, um papel ativo na formulação dos propósitos e finalidades de seu trabalho e de que devem assumir funções de liderança nas reformas escolares [...] (Zeichner, 2008, p. 539).

No campo dos estudos sobre o ensino de Matemática, citamos o conceito formativo de "investigação do professor sobre a sua própria prática", defendido por vários autores, entre eles João Pedro da Ponte (2002), justificada especialmente diante dos complexos contextos da educação escolar, o que tem levado a que o(a) professor(a) enfrente no dia a dia situações difíceis e inesperadas.

Em síntese, a reflexão e a investigação sobre a prática é um instrumento de ação profissional em que reconhecemos nos(as) próprios(as) profissionais sujeitos para analisar e propor soluções para problemas vivenciados. Planejar, pensar e registrar o seu fazer, ter momentos para reflexões sobre esse fazer, preferencialmente juntamente com colegas, replanejar, ou seja, uma prática planejada e analisada pelos próprios sujeitos que a desenvolvem. Conhecer e compreender essa perspectiva torna-se importante instrumento de preparo para a prática profissional mais consequente e realizadora.

Outro elemento central a considerar são os projetos curriculares para a educação básica, do Ministério da Educação, da Rede Estadual e Municipais. Nos sítios oficiais esses documentos podem ser encontrados e fica a sugestão para que cada licenciando(a) tenha uma cópia deles em seus arquivos pessoais para as consultas em planejamentos (BNCC, CBC, Proposições Curriculares e outros).

Nessa fase preliminar ao estágio propriamente, é propício que o(a) licenciado já se organize como professor(a), que se prepare para o estágio e para atuar na profissão. Nesse âmbito, a questão dos seus registros é essencial e será tratada mais adiante.

## 1.7. Ensinar e formar são processos inseparáveis

O professor de qualquer área de conhecimento é um profissional que desenvolve uma ação social que não é simples, isso porque nunca será apenas alguém que transmite um conteúdo, pois sempre será alguém que também transmite valores e sensibilidades.

A escola proporciona aos estudantes a vivência e convivência em ambiente coletivo durante muitas horas por dia, uma parte essencial de sua formação em função da socialização que promove. O(a) professor(a) é um(a) profissional de referência, pois suas metodologias de ensino, as relações que estabelece na escola e também o modo como trata os desafios que aparecem todos os dias estão profundamente relacionados com os conhecimentos científicos. Ensinar e formar são processos inseparáveis.

Paulo Freire, humanista e educador brasileiro que viveu no século passado, se preocupou com o modo como o ensino era feito nas cidades do interior do Nordeste brasileiro, buscando entender como os camponeses que não sabiam ler poderiam aprender e se alfabetizar. Observou que o ensino focava a transmissão de conhecimentos, como se os alunos tivessem cabeças vazias, denominando-o por "educação bancária". Nessa percepção do educador, a educação bancária era como se fossem feitos depósitos de conteúdos nas cabeças dos alunos, conteúdos esses muitas vezes distantes do universo vivencial de seus educandos. Tornava-os alunos passivos e exigidos de memorizar as letras, as palavras, enfim, a língua materna. Suas observações, preocupações e experiências levaram à proposição de um novo método de alfabetização e ensino, baseado em uma visão geral de homem como sujeito social, de modo que introduzia palavras, frases e textos referenciados nos temas do meio de vida desses camponeses, método esse que se mostrou muito eficiente para as aprendizagens. Seus alunos não só aprendiam a ler, como aprendiam a ler o contexto à sua volta, como pôde perceber. Para ele, a leitura da palavra é a leitura do mundo. Convidamos vocês a uma reflexão freiriana:

> Se, na experiência de minha formação, que deve ser permanente, começo por aceitar que o formador é o sujeito em relação a quem me considero o objeto por ele formado, me considero como um paciente que recebe os conhecimentos-conteúdos-acumulados pelo sujeito que sabe e a são a mim transferidos. Nesta forma de compreender e de viver o processo formador, eu, objeto agora, terei a possibilidade, amanhã, de me tornar o falso sujeito da "formação" do futuro objeto de meu ato formador. É preciso que, pelo contrário, desde os começos do processo, vá ficando cada vez mais claro que, embora diferentes entre si, quem forma se forma e re-forma ao formar e quem é formado, forma-se e forma ao ser formado. É neste sentido que ensinar não é transferir conhecimentos, conteúdos nem formar é ação pela qual um sujeito criador dá forma, estilo ou alma a um corpo indeciso e acomodado.
>
> Não há docência sem discência, as duas se explicam e seus sujeitos, apesar das diferenças que os conotam, não se reduzem à condição de objeto, um do outro. Quem ensina aprende ao ensinar e quem aprende ensina ao aprender. Quem ensina, ensina alguma coisa a alguém. Por isso é que, do ponto de vista gramatical, o verbo ensinar é um verbo transitivo-relativo. Verbo que pede um objeto direto - alguma coisa - e um objeto indireto - a alguém.
>
> Do ponto de vista democrático em que me situo, mas também do ponto de vista da radicalidade metafísica em que me coloco e de que decorre minha compreensão do homem e da mulher como seres históricos e inacabados e sobre que se funda a minha inteligência do processo de conhecer, ensinar é algo mais que um verbo transitivo-relativo. Ensinar inexiste sem aprender e vice-versa e foi aprendendo socialmente que, historicamente, mulheres e homens descobriram que era

possível ensinar. Foi assim, socialmente aprendendo, que ao longo dos tempos mulheres e homens perceberam que era possível - depois, preciso - trabalhar maneiras, caminhos, métodos de ensinar. Aprender precedeu ensinar ou, em outras palavras, ensinar se diluía na experiência realmente fundante de aprender.

Não temo dizer que inexiste validade do ensino de que não resulta um aprendizado em que o aprendiz não se tornou capaz de recriar ou de refazer o ensinado, em que o ensinado que não foi apreendido não pode realmente aprendido pelo aprendiz (Freire, 2002, p. 11-12).

# Capítulo 2

# ORIENTAÇÃO, SUPERVISÃO E REGISTRO DO ESTÁGIO

Neste capítulo iremos abordar outras questões relativas ao estágio, como a orientação, a supervisão, a sua organização propriamente e sugestões para realizar planos de aulas e os registros necessários aos professores.

## 2.1. A orientação do estágio

A orientação do estágio na licenciatura se dá na Universidade ou Instituto Superior, seja na formação de grupos com um(a) orientador(a), seja numa disciplina que organiza uma turma. O modo de organização da orientação (e, por decorrência, da supervisão) pode ser visto sob duas possibilidades: a orientação que encaminha, discute e avalia, mas não participa diretamente; a orientação que encaminha, discute, avalia e participa diretamente junto com estagiário(a) e supervisor(a).

Para o encaminhamento e acompanhamento dos(as) estagiários(as), a orientação de estágio como tarefa de profissionais da Universidade/Instituto, pode considerar:

- elaborar juntamente com os(as) licenciandos(as) orientações para a chegada e observação da escola, para o planejamento das ações e seus desdobramentos;
- propor o estudo e debate de temas, questões e aspectos que envolvem a prática docente e que podem surgir durante o estágio, tais como: seleção e organização de conteúdos matemáticos; relação professor-aluno e aluno-aluno, organização do(a) professor(a), metodologias de ensino, uso de recursos didáticos, organização da sala de aula, avaliação institucional, avaliação da aprendizagem dos estudantes, relação entre professores, abordar e resolver junto com o(a) licenciando(a) os eventuais problemas que surjam, entre outros aspectos propostos pelos(as) licenciandos(as);

- acompanhar o desenvolvimento do estágio, seja por encontros programados com periodicidade, seja em disciplina prevista para isso, em visitas a escolas ou outras formas, conforme currículo de cada instituição;
- propor e avaliar uma síntese final das experiências, seja na forma de portifólio, relatório ou trabalho de conclusão, enfim, através de formas diversas estabelecidas em cada instituição.

Na orientação que encaminha, discute, avalia e participa diretamente com estagiário(a) e supervisor(a), constitui-se um grupo de ação, cujo modelo se referencia no PIBID, RP e no EA (respectivamente Programa Institucional de Bolsas de Iniciação à Docência, Residência Pedagógica e Estudo de Aula[4]). Neste caso, a escolha da escola, o contato com a supervisão, o acompanhamento para reconhecimento da escola e sua proposta, assim como o planejamento, desenvolvimento e avaliação, se dará em um coletivo que reúne os três envolvidos no estágio. Orientação, supervisão e estagiário(a) constituem uma instância de troca de informações, estudos, planejamento de aulas e discussões pertinentes.

## 2.2. A supervisão do estágio

Supervisionar o estágio vai muito além de receber em sua aula na escola um(a) licenciando(a), é uma atividade que requer um planejamento e uma reflexão sobre as ações cotidianas. A supervisão do estágio é uma atividade que pode ser de muita aprendizagem tanto para o(a) licenciando(a) quanto para o(a) professor(a) supervisor(a).

A supervisão de estágio pode ser entendida como a recepção de licenciandos(as) por professores(as) da Educação Básica, com uma proposta de que sua ação docente seja observada e que o(a) estagiário(a) possa fazer perguntas e participar, apoiando as práticas e também dando aulas.

O(a) professor(a) supervisor(a) tem de ter em mente que o(a) estagiário(a) é um futuro(a) professor(a) que, estando em formação, logo será um colega de profissão. Apesar de o estagiário não ter experiência de ensino, está justamente vivenciando, possivelmente, uma primeira experiência. Sua formação acadêmica permite que, sob supervisão, possa desenvolver muitas atividades, com inovação e criatividade.

O(a) professor(a) supervisor(a) pode se sentir inseguro nas primeiras vezes que recebe um estagiário, afinal terá um elemento que é estranho ao seu cotidiano na sala de aula, que observará o seu trabalho e reportará suas impressões aos seus orientadores e colegas de sua turma. Essa insegurança inicial pode levá-lo(a) a dar aulas "especiais", "encenadas" para ser bem avaliado, porém com o tempo, o(a) estagiário(a) será incorporado ao cotidiano, deixando de ser um motivo de estranheza ou constrangimento.

A escola em que o(a) estagiário(a) irá atuar é geralmente denominada por campo do estágio. A recepção do(a) estagiário(a), a organização e discussão no campo de estágio constitui um processo denominado "supervisão", coordenado por professor(a) da educação básica. Trata-se de docente, preferencialmente contactado pelo(a) orientador(a), mas também pode ser pelo(a) estagiário(a), que se torna referência do estágio. O(a) supervisor(a) irá receber o(a) estagiário(a) nas suas aulas, na sala dos professores, nas reuniões, relações que estabelece e nas proposições que faz. É esperado que a supervisão do estágio informe, proponha, observe, planeje e desenvolva ações com os(as) estagiários(as), compartilhando suas atividades na escola, a exemplo do PIBID, RP e algumas experiências baseadas no Estudo de Aula (também referida como *Lesson Study*).

A supervisão do estágio tem sido uma função negligenciada pelos projetos de licenciatura, pois ocorre de modo espontâneo, dependendo da disposição (e até boa vontade) de diretores(as) e professores(as). Desse modo, trata-se de uma atividade docente não incorporada formalmente, seja pela escola onde trabalham os(as) profissionais, seja pela universidade ou instituto superior. É preciso, pois, que a supervisão seja uma função profissionalizada.

Uma supervisão compartilhada se dará com a organização de um grupo de trabalho onde estarão supervisor(a), orientador(a) e estagiário(a), com o propósito de compartilhar informações e experiências, planejar e desenvolver ações e atividades que possam proporcionar experiência docente significativa para a formação. Esta situação pode ocorrer em programas especiais como o PIBID e a Residência Pedagógica.

## 2.3. A prática do estágio

Uma proposta de roteiro de atividades dos(as) estagiários(as) pode ser um instrumento de apoio para a supervisão, desenvolvendo-se em etapas. Esse roteiro não é rígido e as etapas dependem do desempenho do(a) estagiário(a), como discutiremos a seguir.

O roteiro de supervisão que apresentamos a seguir foi estabelecido a partir de experiência docente que toma como estratégia didática a "resolução de problemas", em um ambiente de investigação, de modo que os(as) alunos(as) na sala de aula ficavam normalmente em grupos resolvendo problemas. Assim, a estrutura das aulas, em geral, era voltada para atividades que o(a) professor(a) propunha na forma de problemas sobre o assunto em estudo, em que os alunos discutiam e resolviam; em seguida, na correção feita pelo(a) professor(a), ele os ouvia e sistematizava o que tinha sido explorado pelos alunos. A opção por esta metodologia se dá pelo seu potencial de participação e aprendizagem dos estudantes, mas a expectativa é que ela possa ser adaptada a outros formatos de aula.

A recepção e supervisão de estagiários(as) na escola pode se desenvolver nas seguintes etapas:

1. Apresentação – A primeira etapa é uma reunião do(a) supervisor(a) com o(a) estagiário(a) que deve ser feita antes de se ir à sala de aula, nela o(a) supervisor(a) apresenta a escola, o programa de Matemática que segue, as estratégicas didáticas que vai usar e o material didático que pretende utilizar. É importante uma rápida descrição das turmas, mas sem dar detalhes, pois perceber ele(a) próprio(a) a dinâmica das turmas é uma atividade importante que o(a) estagiário(a) deve desenvolver em sala na fase de observação.

Como acontece com as turmas no primeiro dia de aula, este é um momento dos combinados, onde deve ficar claro pelo(a) supervisor(a) quais são os comportamentos aceitos e o empenho esperado do(a) estagiário(a). Uma discussão importante nessa reunião é sobre o papel que o(a) estagiário(a) irá desempenhar nas aulas, deixando claro que, mesmo no período em que só observa as aulas, ele(a) é professor(a), e tem que se colocar nessa posição em todos os momentos em que estiver na escola.

2. Observação – A observação consiste em o(a) estagiário(a) apenas observar a aula, sem intervenção, ela deve durar até que ele se sinta seguro para atender os(as) alunos(as) juntamente com o(a) professor(a). Nesse período, é importante se discutir após as aulas qual foi a leitura que o(a) estagiário(a) fez dos acontecimentos a cada dia, perceber se ele(a) consegue se inteirar da dinâmica da(s) turma(s), das estratégias pedagógicas utilizadas e se domina os objetos de conhecimento trabalhados.

Ocorrerá também a observação da escola, com um roteiro geral que foi apresentado ao(à) estagiário(a) pelo(a) professor(a) orientador(a).

3. <u>Atendimento</u> – Após se sentir seguro, o(a) estagiário(a), em comum acordo com o(a) professor(a) supervisor(a), passa a ajudar os alunos em grupos na resolução dos problemas ou qualquer outra atividade, tirando dúvidas ou orientando na busca de soluções. Esse é o primeiro contato que ele(a) terá com os alunos, ainda atendendo individualmente ou a pequenos grupos, porém já serão exigidos vários elementos de uma aula, como a compreensão da dúvida dos estudantes, organização dos argumentos, estratégias diferenciadas de abordar o problema em resolução.

No trabalho em grupos, o(a) estagiário(a) precisa ser orientado(a) a atuar em respeito ao grupo, procurando ouvir a todos e devolvendo questões para que os alunos repensem o que foi perguntado.

4. <u>Elaboração de problemas e outras atividades</u> – Nesta etapa, o(a) estagiário(a), em combinado com a supervisão e a orientação, elaborará enunciados de problemas e/ou atividades que farão parte das atividades a serem desenvolvidas em sala, para tanto ele tem de compreender as estratégias, bem como ter domínio dos objetos do conhecimento que estão sendo explorados. Deve-se incentivar que o(a) estagiário(a) produza os enunciados e não se restrinja a copiá-los de livros didáticos, essa é uma habilidade importante que pode ser desenvolvida no estágio, em particular porque ele(a) terá o retorno imediato dos estudantes.

Este é um momento particularmente interessante para o(a) supervisor(a), pois, além de a proposta do(a) estagiário(a) ter a possibilidade de trazer ideais novas, ela, de certa forma, reflete e avalia o seu trabalho. Observar a adequação dos enunciados é um momento interessante também para o(a) supervisor(a) refletir sobre sua própria prática, além de melhorar sua habilidade de avaliar e elaborar problemas.

5. <u>Correção à frente da turma</u> – Nesta etapa o(a) estagiário(a) começa a ir ao quadro para resolver as atividades que foram propostas à turma. Essa é uma atividade muito sensível, muitas vezes os(as) estagiários(as) a postergam ao máximo por terem receio de não ser bem-sucedidos. Para o(a) estagiário(a) existe uma dupla avaliação,

a dos(as) alunos(as) e a do(a) supervisor(a), assim ele(a) pode se sentir muito exposto(a), o que pode gerar insegurança, devendo o(a) supervisor(a) se esforçar nesse momento para deixar a situação o mais confortável possível.

Duas estratégias podem ajudar: o(a) supervisor(a) pode conversar com os(as) alunos(as) da turma antes do estágio se iniciar e solicitar que eles sejam tolerantes e, em reuniões semanais, discutir a situação com o(a) estagiário(a), tentando dar-lhe segurança. Outra estratégia é, a partir de um conjunto de exercícios semelhantes, o(a) supervisor(a) corrige alguns à sua maneira, e de forma intercalada solicita que o(a) estagiário(a) corrija alguns deles; o(a) supervisor(a) de certa forma orienta e direciona a forma e linguagem que é utilizada com a turma. Uma experiência negativa nesse momento pode ser um grande problema para a continuidade do estágio, constranger os(as) alunos(as) e até abalar a confiança na carreira escolhida.

6. <u>Desenvolver uma atividade</u> – Após essas etapas, o(a) estagiário(a) propõe atividades para um objeto de conhecimento e as desenvolve em sala, contemplando a sequência do planejamento do(a) supervisor(a). Esta etapa é fundamental na formação docente, pois ela envolve planejamento e pesquisa para elaborar as atividades, a sua aplicação em sala, a correção das atividades e a sistematização dos conteúdos, abrangendo as principais fases de uma aula. Se planejada em conjunto, essa atividade pode ser incorporada à programação da turma, ainda que o tema seja diferenciado. Assim, por exemplo, se o(a) estagiário(a) desenvolve uma atividade sobre fractais quando o(a) professor(a) trabalha com Geometria, mesmo que este tema não faça parte da programação original do(a) professor(a), ela pode ser incorporada e valorizada como as demais.

O acompanhamento pelo(a) supervisor(a) do planejamento e elaboração da atividade é muito importante para verificar sua viabilidade e adequação, também para dar segurança ao(à) estagiário(a); por outro lado, é importante que o(a) supervisor(a) respeite as escolhas e que incentive a autoria dos(as) futuros(as) professores(as). Essa ação de supervisão pode vir a contribuir com o ensino naquela turma por possibilitar o surgimento de estratégias e informações, como aplicações, usos diferenciados ou inovadores que o(a) estagiário(a) possa propor sobre o tema e que ele desconhecia, dessa forma, atualizando-o(a).

7. Elaboração e correção de atividade avaliativa – O(a) estagiário(a), em combinado com o(a) supervisor(a), propõe e elabora uma atividade avaliativa e faz a avaliação, atribuindo uma nota, se for o caso. A atividade pode ter uma valorização menor no processo avaliativo do(a) professor(a), porém é importante que ela seja considerada no cômputo geral.

Esta fase é muito delicada, inicialmente é preciso superar a desconfiança do(a) supervisor(a) em deixar o(a) estagiário(a) preparar uma avaliação para os alunos e, principalmente, corrigi-la, mas ele(a) tem de entender que essa atividade será supervisionada, portanto dificilmente gerará algum problema. A discussão sobre a correção da atividade é muito importante, pois para muitos(as) estagiários(as) sua história como alunos de Matemática lhes ensinou que os problemas (ou exercícios, por exemplo) estão certos ou errados; assim, ou se atribui o total valor a um problema ou zero, essa é uma barreira que se tem de transpor. É preciso saber interpretar o raciocínio feito pelo(a) aluno(a) em cada atividade, perceber os erros cometidos e valorizar o processo e não só a resposta. Inclusive discutindo que existem várias formas de avaliação e que esta é uma entre os muitos instrumentos. Um exemplo pode ser o uso de recursos tecnológicos que permitem que a avaliação seja feita de forma dinâmica e menos tensa pelos alunos.

Uma atividade importante ao longo de todo o processo de estágio é a reunião de discussão, que deve ocorrer com regularidade e nela se discute o que ocorreu nas aulas, tira-se as dúvidas e se verifica os materiais produzidos para as aulas. Nessas reuniões se organizam as atividades e se discutem assuntos diversos, como o comportamento dos alunos, o que funcionou e o que não, a resolução de alguma atividade. Além disso, com alguma frequência, surgem assuntos não relacionados diretamente à aula, como incertezas sobre a profissão, discussão sobre a carreira, entre outras.

Todo o processo aqui proposto, como dito na introdução, pode ser adaptado para o tipo de aula que a escola e o(a) professor(a) supervisor(a) propõem. Pode haver situação em que o(a) estagiário(a) não se adapte ao processo, por exemplo, não conseguindo propor aulas ou desenvolver alguma das etapas aqui sugeridas. Contudo, é desejável que o(a) estagiário(a) participe efetivamente de todas as atividades do cotidiano junto ao(à) supervisor(a).

## 2.4. Articulação entre orientação e supervisão do estágio

A relação entre orientação e supervisão envolve articulação universidade/instituto-escola básica, disponibilidade dos docentes e condições nas próprias instituições. É importante que a supervisão e a orientação estejam articuladas. As experiências consideradas positivas, como o PIBID, a RP e Estudo de Aula, mostram um caminho recente de qualificação dos estágios e de reconhecimento da centralidade da relação teoria e prática.

Nesse sentido, as visitas do(a) orientador(a) às escolas são essenciais, visando conhecer melhor os contextos e estabelecer contato direto com toda a equipe, em particular com o(a) supervisor(a). Do mesmo modo, a visita do(a) supervisor(a) à universidade/instituto é importante, seja na aula de orientação, seja em encontros específicos ou para participar de alguma atividade de interesse.

Os projetos PIBID e RP têm sido meios interessantíssimos de articulação orientação, supervisão e estagiário(a), pois proporcionam encontros periódicos de discussões e planejamentos, onde todos são reconhecidos e recebem bolsa, o que mostra profissionalismo da ação formativa que se desenvolve aí.

Destacamos algumas questões sobre a acolhida e desdobramentos do estágio, do ponto de vista da supervisão, que podem ainda ser consideradas.

- Observação e regência do(a) estagiário(a) que já possui experiência com a docência, ou mesmo aquele(a) mais arrojado, pode ser encurtada; o cuidado aqui é para não colocar o(a) estagiário(a) em situação de dificuldade, especialmente na substituição de professores.
- O planejamento de aulas a serem ministradas pelo(a) estagiário(a) dentro ou fora da programação do(a) professor(a) supervisor(a), planejadas com o(a) orientador(a); parece claro que o engajamento no programa em desenvolvimento pelo(a) supervisor(a) torna as situações de ensino mais adequadas, contudo há procedimentos diferenciados e criativos que podem se tornar em ricas experiências. Veja o relato de um professor supervisor:

> Não vejo problema do estudante desenvolver uma atividade apêndice. Tenho visto algumas aulas nessa direção e o resultado é muito satisfatório. Em plena pandemia, no 9.º ano, dois estagiários propuseram falar de Astronomia para os estudantes. Ele montaram uma aula discutindo como medir crateras na Lua a partir da

> Terra. Usaram o Teorema de Tales e Trigonometria (conteúdos vistos pelos estudantes, trabalhados pelos estagiários juntamente comigo). O resultado foi fantástico. A participação dos estudantes fica diferenciada. Nessa direção, já tivemos trabalhos com Geometria Fractal, Fotografia e Geometria, Teoria dos Jogos, Grafos na Educação Básica,... Penso que isso possibilita o estagiário contribuir também com o professor. O que eu tive que aprender/estudar sobre esses temas "novos" mudaram inclusive a minha forma de atuar na sala de aula. Minhas aulas de geometria euclidiana são bem diferentes depois de conseguir contrastar com outra geometria. Assim, podemos dar voz também ao estagiário e permitir que ele utilize de seus conhecimentos/paixões para transformá-los em uma aula. (Relato de um professor da Escola de Ensino Fundamental Centro Pedagógico UFMG, ano 2020).

- A importância da vivência na escola com as atividades do(a) supervisor(a) fora da sala de aula, como a presença na sala dos professores, a participação de reuniões, de movimentos, de conselhos de classe, então, criar condições para que o(a) estagiário(a) chegue no começo do turno e saia ao seu final.
- O tratamento das dificuldades de aprendizagem do(a) aluno(a) é sempre uma atenção requerida nas escolas, sendo importante que o(a) estagiário(a) fique atento a como essas questões são tratadas pelo(a) supervisor(a).
- A demanda das escolas para que os(as) estagiários(as) ofereçam monitorias para atender alunos com dificuldades de aprendizagem ou para prepará-los para futuras seleções; é preciso pensar com cuidado tais propostas, principalmente no sentido de colocar o(a) estagiário(a) em situação de substituição de profissional; contudo, se bem planejadas e para além da atividade de participação de aulas com supervisão, tais atividades podem ser desenvolvidas e apoiadas pela orientação, podendo vir a ser uma experiência formativa diante daqueles conhecimentos que são mais desafiantes para o ensino e a aprendizagem da matemática.
- O desenvolvimento pelo(a) estagiário(a) de projetos especiais são muito bem vindos se ocorrerem em momentos de finalização do estágio ou em tempos existentes para além da experiência de regência; os projetos podem ser elaborados em conjunto com os alunos da escola, com o(a) supervisor(a) e orientador(a), procurando

atender uma demanda existente, podendo ser uma rica experiência com uso de metodologias variadas, recursos didáticos tecnológicos e muita criatividade.

## 2.5. Preparando o estágio na escola

É importante que o(a) estudante licenciando(a) faça um estágio curricular em escola regular de ensino público, porque são essas escolas que acolhem a grande maioria dos estudantes do país e, além disso, são regidas pelo interesse público. A escolha da escola do estágio pode ocorrer de diversas maneiras: por indicação do(a) próprio estudante, por indicação do(a) professor(a) orientador(a) ou por indicação de uma central de estágio.

A qualidade da formação docente na licenciatura depende muito do estágio e a inserção do(a)s licenciando(a)s em escolas é parte muito importante dele. Assim, a escolha da escola, o contato prévio e durante o estágio com os profissionais dela e um retorno, ao final, pode ser muito favorecedor que um estágio seja satisfatório para a experiência prática de futuros professore(a)s.

Um fator que merece destaque para a qualificação de estágios nas licenciaturas está na relação universidade/instituto-escola básica. As instituições de ensino que formam professores, na licenciatura, podem ter um projeto global de estágio, promovendo um contato contínuo com escolas que aceitem participar, oferecendo como contrapartida possibilidades formativas aos profissionais dessas escolas nos seus espaços. Podem também se formar grupos de professores, tanto na universidade/instituto quanto em cada escola, de modo a se realizarem trocas, envolvendo ensino, pesquisa e extensão. Esses grupos também podem dialogar com o(a)s professores(as) supervisores(as), ter acesso a seus planejamentos, também a recursos didáticos, participando da sala dos professores, de reuniões e das aulas, vivenciando a escola.

Algumas vezes é o(a) próprio(a) professor(a) orientador(a) que possui contatos individuais com professores supervisores(as), estes recebem o(a)s estagiário(a)s na sua escola, naturalmente com a anuência da direção da escola, constituindo-se um coletivo que pode ser mais ou menos articulado. Há experiências em que o(a) supervisor(a) visita a Universidade e participa da turma em que há estagiário(a)s em seu contato; há experiências em que o(a) professor(a) orientador(a) faz visitas periódicas às escolas, em momentos em que pode se encontrar com o(a) supervisor(a) e o(a) estagiário(a), podendo compartilhar todo o trabalho realizado. Há também experiências importantes de articulação da participação do(a)s profissionais em grupos de pesquisa.

As visitas de professores(as) orientadores(as) às escolas do estágio são muito bem aceitas nas escolas e pelos(as) estagiários(as), vistas como momentos de compartilhamento entre supervisores(as), orientadores(as)se estagiários(as) da experiência que ali se desenvolve. As visitas podem ser realizadas em momentos previamente combinados e nelas pode-se relatar, discutir as atividades já realizadas e as que se realizarão, analisando a presença e participação do(a) estagiário(a).

As experiências do PIBID e a RP são exemplares para o estágio na escola básica e, embora estejam em projetos que envolvem apenas uma parcela de estagiários(as), mostram um caminho a seguir. Isso porque formam grupos de trabalho, com encontros regulares, financiados com bolsas, incluindo orientadores(as), supervisores(as) e estagiários(as). Devemos lutar para que as bolsas e outros financiamentos sejam estendidos a todos os(as) estagiários(as) e professores(as).

Como referência, indicamos alguns procedimentos que podem favorecer o estágio curricular supervisionado da licenciatura:

1. Antes do estágio – reconhecimento e entrosamento dos estagiários(as) e o(a) professor(a) orientador(a); elaboração da atividade "memória de estudante", explicitando motivações na escolha do curso de matemática, proporcionando uma reflexão sobre sua própria experiência escolar; indicação para que sejam feitos os registros e a organização individual do(a) futuro(a) professor(a); a retomada de contato com os currículos escolares vigentes, exploração de materiais didáticos e equipamentos tecnológicos e de possibilidades metodológicas de aulas; a discussão de um roteiro de observação da escola e organização do Diário de Campo; encaminhamento ao estágio em escola básica, preferencialmente indicada por apresentar condições adequadas de recebimento e desenvolvimento do estágio.

2. Durante o estágio – é essencial haver uma articulação entre orientador(a) e supervisor(a) no estágio curricular na escola básica; alertar o(a) estagiário(a) para o registro em Diário de Campo; realizar encontros (reuniões, aulas ou outra forma) de acompanhamento e orientação, sempre que possível com a participação dos docentes e

estagiários(as), conversando e discutindo sobre a prática; realização de estudos de temas de interesse que surjam; registro e discussão do ensino dos conteúdos matemáticos e de metodologias de ensino pertinentes, mesmo em caráter exploratório; elaboração de planos de aulas; preparação para o trabalho final.
3. Após o estágio – esta fase pode ser do coletivo da turma de estagiários(as) em aulas ou grupos com relatos e socialização das experiências, análises de questões destacadas, estudos e leituras para sistematização e socialização dos temas escolhidos para aprofundamento de estudos e dos trabalhos finais.

Há vários cursos de licenciatura que possuem a proposta de elaboração de Trabalho de Conclusão de Curso (TCC) como exigência para sua conclusão, e orientam para que o próprio estágio seja fonte inspiradora desse trabalho. Nesse sentido, o estágio se torna também um tempo-espaço de pesquisa, podendo levar a estudos e reflexões que poderão constar no TCC. Nesse sentido, a escolha de temas que se constituíram como desafio pode indicar a possibilidade de um estudo específico para a elaboração do trabalho final.

## 2.6. Algumas formas de organização do estágio na escola

A organização dos(as) estagiários(as) para o encaminhamento nas escolas pode ser individual, em duplas, trios ou mesmo com a turma toda numa só escola.

As escolas de educação básica vinculadas às universidades são importantes espaços de estágio, podendo nelas haver condições especiais de supervisão, por ser um de seus objetivos a formação docente.

Neste texto iremos explorar possibilidades de realização do estágio[5].

### 2.6.1. Os(as) estagiários(as) escolhem as escolas

Neste caso iremos considerar a situação em que os(as) estagiários(as) escolhem as escolas para o estágio e se inserem nelas individualmente. Muitos licenciandos(as) solicitam esse encaminhamento de estágio para buscar a escola mais perto de suas residências ou no caminho casa-trabalho. Alguns manifestam o desejo de retornar à escola onde estudaram, outros escolhem escolas segundo imagens construídas (escola com projeto alternativo, escola considerada de sucesso, por exemplo). Esse tipo de organização do estágio, em geral, favorece o contato com a escola do desejo do licenciando e os seus traslados. As situações são diversas, mas, em geral, o estagiário(a) é recebido na escola, mas nem sempre recebe uma supervisão articulada; passa a observá-la, podendo vir a ter autorização para realizar uma regência de aulas em uma turma e, eventualmente, até mesmo participando de projetos específicos.

O contato e conhecimento do campo de estágio (escola de ensino fundamental ou médio) podem ser mais difíceis neste tipo de escolha, podendo não haver boa recepção e incorporação do estagiário(a), já que a Escola não passa pelo crivo preliminar de conhecimento e reconhecimento da Universidade/Instituto. Nem sempre o contato com o(a) professor(a) supervisor(a) se dá de modo articulado, ficando o(a) estagiário(a) sem referências, por vezes isolado ou mesmo abandonado(a) nela. O(a) estagiário(a), nesse caso, fica mais exposto a situações impróprias, como de trabalho (substituindo professores faltosos, por exemplo, sem um planejamento prévio), o que pouco vai contribuir com sua formação.

Do ponto de vista da formação para a docência, esse tipo de encaminhamento individual do(a) estagiário(a) deixa grande insegurança, pois as experiências seguem condições muito aleatórias e pode comprometer os resultados esperados. Geralmente, observa-se na prática pedagógica da escola que, com suas múltiplas demandas cotidianas, não existe uma atenção especial à orientação e a assistência necessária ao(à) estagiário(a). Nesse caso, ainda, é importante considerar que nem sempre a supervisão existe de forma efetiva, pois não há preparação prévia juntamente com a orientação.

Nesse tipo de organização, contudo, ampliam-se as condições de conhecimento pelo(a) estagiário(a) da "escola real", quando se insere espontaneamente na sala de aula e no acompanhamento da prática pedagógica do(a) professor(a) supervisor(a). Essa condição, muitas vezes, não se mostra formativa, podendo o estagiário ficar submetido a diversas situações para as quais não está preparado, o que pode levá-lo(a) até mesmo a desistir da profissão.

Nesse tipo de experiência de estágio, quando há o retorno no coletivo da turma, durante ou ao final do semestre, os relatos são bem diversificados, algumas vezes ricos em bons exemplos e participação do estagiário(a), às vezes pobres em possibilidades ou trazendo situações precárias de ensino às quais o estagiário(a) ficou colocado.

## 2.6.2. Todos os(as) estagiários(as) juntos numa só escola

Em sentido oposto à primeira possibilidade, o encaminhamento de uma turma de estagiários(as) para uma só escola favorece a total concentração de licenciandos(as) em um coletivo, podendo ser uma oportunidade de experimentar bons planejamentos e reflexões sobre as aulas, assim como tratar mais de perto as dificuldades da docência.

Certamente há diversas maneiras de se fazer esse tipo de encaminhamento. Uma experiência foi realizada em uma escola de ensino fundamental, na cidade de Belo Horizonte, onde funcionavam dez turmas no turno da tarde, com média de 35 alunos em cada; o estágio ocorreu às terças e quintas-feiras, com aulas de uma hora, durante dois meses. O combinado com a escola foi que, logo após o intervalo de lanche do turno, as turmas eram totalmente liberadas para a equipe de 20 estagiários(as) organizados em duplas e para a professora orientadora, que assumiam as aulas.

Neste caso, a orientadora da Universidade/Instituto reunia a turma na própria escola antes do início da aula, acompanhava as aulas e reunia novamente ao final destas. Isso ocorreu durante todo o tempo do estágio, as aulas e orientações eram feitas na própria escola. Os professores das turmas foram liberados pela direção a acompanhar ou não as aulas dos estagiários, sendo que grande parte deles optou em trabalhar em suas questões na sala dos professores, não comparecendo na sala de aula. Assim, não havia professores(as) supervisores(as) na maioria das salas, o que não era esperado, já que o planejamento dessa proposta previa a presença de cada docente em sua sala, em acompanhamento e apoio aos estagiários.

A dinâmica construída era a seguinte: a turma de 20 estagiários(as) chegava na Escola no início do turno e tinha cerca de duas horas de trabalho antes da aula; eram revistos os planejamentos e a construção de materiais didáticos sobre conteúdos de Geometria; a proposta de aula contemplou a realização de oficinas sobre os fundamentos da geometria; as oficinas eram cuidadosamente preparadas pelas duplas; após as aulas, toda a turma se reunia novamente para os relatos e discussão de problemas que surgiam. O plano de aula compreendia uma primeira atividade de interação na sala de aula, seguida de algumas aulas com oficinas envolvendo formas geométricas, perímetro, área, volume e aplicações diversas em resolução de problemas.

Uma segunda experiência foi também em escola municipal de Belo Horizonte, Mina Gerais, envolvendo 15 turmas do ensino fundamental de cerca de 35 alunos cada uma, novamente duas vezes por semana durante dois meses. Nesta experiência, muitos professores permaneceram nas salas e se prontificaram a acompanhar as atividades desenvolvidas, representando uma rica troca de experiências.

Nas duas experiências, a orientação do estágio era feita na própria escola, podendo-se observar vantagens e desvantagens desse projeto de estágio. Do ponto de vista do desenvolvimento do(a) estagiário(a), essa orientação mostrou favorecer o trabalho e a formação coletiva, pois os encontros de duas vezes por semana duravam todo o turno escolar, trocas se davam com alegria pelo trabalho coletivo, estudos, planejamentos, construções, análises e avaliações, relatos de sucessos, insucessos e (re)planejamentos.

Além disso, o conhecimento matemático escolar vinculado ao ensino dos fundamentos da geometria pôde ser bastante explorado, tanto nos seus conceitos quanto nas diversas metodologias e recursos didáticos, com materiais manipuláveis, visualizações, experimentações e resolução de situações-problema.

Tal proposta, de reunir grande número de estagiários(as) numa só escola, dificulta uma formação para o conhecimento dos aspectos que compõem a realidade escolar, pois se mostra isolada das condições reais da prática pedagógica, dificultando as necessárias reflexões sobre as questões do cotidiano. Ou seja, o conhecimento e o contato dos(as) estagiários(as) com as práticas do dia a dia da escola e na vivência com os(as) professores(as) mostram-se limitados, já que o número de estagiários(as) nas experiências relatadas era superior ao de professores(as) da escola, ficando o grupo de licenciandos(as) restrito à sua sala de encontros e às salas de aulas.

### 2.6.3. Estágio em duplas em escolas articuladas previamente

Nessa organização, há escolas previamente articuladas pelo(a) orientador(a), o encaminhamento de duplas e/ou de pequenos grupos de estudantes para escolas de referência, com o contato prévio da Universidade/Instituto com professores(as) da educação básica que aceitam a observação, a participação e a regência em suas aulas, disponibilizando-se a uma supervisão.

Os(as) estagiários(as) são organizados em duplas por professor(a) supervisor(a), podendo formar um grupo por Escola quando há mais de um(a) professor(a) de matemática. A organização do estágio de cada licenciando(a) fica bastante articulada à prática de um(a) docente. A articulação do(a) professor(a) orientador(a) com esse(a) docente é decisiva no processo. Para a ação ainda inexperiente do(a) estagiário(a), as possibilidades dessa organização são positivas, pois favorece uma aproximação efetiva com o cotidiano da escola e do planejamento/supervisão de um(a) professor(a). As condições para uma boa supervisão do(a) estagiário(a) na escola é o que mais caracteriza essa organização, pois o(a) estagiário(a) é acompanhado na sua colocação como professor(a) em momentos diversos na sala de aula, assumido como professor(a)/auxiliar, o que favorece a reflexão sobre a própria prática.

Essa orientação de estágio tende a favorecer mais as aprendizagens da docência porque é orientada e supervisionada, cria momentos de conversas e discussões de problemas que surgem pelos ricos encontros dos(as) professores(as) supervisores(as) e orientadores(as) com os estagiários(as). Como o contato orientação-supervisão é planejado, o(a) supervisor(a) está acostumado e preparado para receber os(as) estagiários(as), compartilhando planejamento, apresentando a escola e acompanhando a ação cotidiana. Observa-se que, exatamente por possibilitar um envolvimento maior do(a) professor(a) supervisor(a), o(a) estagiário(a) fica mais submetido(a) ao processo do trabalho ali existente, nem sempre facilitando (ou até mesmo dificultando) ações inovadoras (como as metodologias diferenciadas, uso de tecnologias, entre outras).

O(a) professor(a) supervisor(a) pode, neste caso, já ter se formado para receber o estagiário, tomando-o(a) como parceiro, de modo que sua própria ação na escola fica potencializada. O estágio nessas condições e realizado em escolas vinculadas à Universidade/Instituto tem um sentido bastante formador, pois há acolhida dos(as) estagiários(as), disposição para a supervisão e participação.

Analisamos que o desenvolvimento do estágio curricular supervisionado envolve um conjunto de objetivos para a Universidade/Instituto e para a Escola, promovendo socialização, entrosamento, troca de experiências e atualização de todos.

A presença do estagiário na escola pode favorecer mudanças nas aulas e ampliar possibilidades para o desenvolvimento profissional de professores supervisores – o encaminhamento do(a) estagiário(a) requer o contato com a escola, a apresentação pelo(a) professor(a) supervisor(a) de seu planejamento, o compartilhamento da sala de aula, a possibilidade de troca de informações e atualização de recursos didáticos, enfim, essas ações levam necessariamente a uma reflexão do fazer cotidiano. Maior interação entre o(a) professor(a) supervisor(a) e o(a) estagiário(a) no planejamento de aulas e das questões próprias daquele contexto pode provocar reflexões e melhor entendimento dos desafios de ensinar.

Havendo possibilidade, a visita do(a) orientador(a) às escolas, em momentos combinados com o(a) supervisor(a) e o(a) estagiário(a), alavanca os processos, na medida em que cria um laço forte de formação inicial e continuada, espaço esse de planejamento e replanejamento. Pode-se também nesses encontros conversar sobre os avanços e as dificuldades dos(as) estagiários(as).

Notamos, no entanto, que mesmo se mostrando como muito ricos os contatos periódicos entre professor(a) orientador(a) e supervisor(a), nem sempre isso é possível nas atuais condições de trabalho. A vida profissional muito exigente, tanto na escola quanto na universidade/instituto, tem dificultado esses encontros. Acreditamos que o tempo de estudos/planejamento existente na escola pode ser um bom momento para os encontros conjuntos na própria escola, ou a presença do(a) professor(a) nas aulas de orientação na universidade/instituto, visando à troca de informações e análises, focando a formação do(a) estagiário(a). É preciso profissionalizar o estágio, estender o PIBID para o acesso de todos.

O conhecimento da escola e suas práticas é essencial também para o(a) próprio(a) professor(a) orientador(a), pois sua tarefa na Universidade/Instituto pressupõe conhecimentos e visões sobre a escola básica, que, como todo processo formativo, está em constante mudança. Além disso, a escola percebe a seriedade do trabalho e se sente valorizada em acolher estagiários, avançando no entendimento de seu papel como coformadora de novos docentes. Os estagiários, com certeza, aproveitam bastante esses momentos de compartilhamento.

### 2.6.4. Estágio por tempo concentrado na escola

Há ainda um formato de estágio que se realiza com o(a) estagiário(a) assumindo aulas supervisionadas por um período mais longo na escola (6 a 8 semanas ou o tempo que for necessário para assumir e desenvolver uma proposta de ensino). Nesse tempo, o estudante terá contato direto com o(a) supervisor(a) e o(a) orientador(a) na própria escola.

Nesta proposta, pode haver ou não um tempo somente para que o(a) estagiário(a) faça observações para conhecer a escola, o(a) supervisor(a) e os(as) alunos(as). Haverá maior liberdade para um planejamento de atividade a ser desenvolvida pelo(a) estagiário(a), podendo esta ser vinculada ou não ao programa de ensino em desenvolvimento à época. Muitas vezes um projeto de ensino diferenciado, que trata inovação na metodologia, pode proporcionar rica experiência de prática docente e aprendizagem do(a) aluno(a).

Esta forma de organização oferece boas possibilidades do exercício real da docência, já que o(a) estagiário(a) assume efetivamente pelo menos uma classe e desenvolve uma proposta de ensino, podendo ser assumida em um dos semestres de realização do estágio, e se articula a outras formas que sejam positivas para a observação, conhecimento, planejamento e participação na escola.

Naturalmente que, para assumir uma regência supervisionada na escola, o processo de estágio terá como primeiro momento uma preparação, envolvendo a orientação e a supervisão.

## 2.7. Observação, participação e regência articulados

As experiências de estágio curricular obrigatório observadas nos projetos pedagógicos dos cursos de licenciatura, de um modo geral, explicitam uma fase de observação e outra de regência. Naturalmente que, ao chegar a uma escola, estagiários(as) precisam observá-la, compreender como funciona, quem são seus professores(as) e estudantes, assim como onde se situam física e socialmente (mais adiante apresentamos uma sugestão de roteiro de observação). No entanto, não há por que separar observação, participação e regência de modo rigoroso.

Um estágio inteiro de observação da escola pode ser repetitivo e cansativo para o(a) estagiário(a); já o estágio de regência sem um período prévio de conhecimento e trocas, geralmente realizado mediante um plano de ensino estabelecido sem a participação do(a) professor(a) supervisor, pode não ser tão positivo, já que a prática pedagógica é complexa e o conhecimento da vida escolar requer tempo e convivência. O que determina essa situação de estagiário(a) nas escolas é a relação que se estabelece entre orientação e supervisão e este é o maior desafio.

Ao receber um(a) estagiário(a), o(a) supervisor(a), como professor(a) da escola básica, pode considerá-lo(a) um(a) colega de profissão, ainda em processo de aprendizagem. O(a) supervisor(a) deve apresentar ao(à) estagiário(a) o seu planejamento de aulas, o material didático utilizado, suas percepções sobre as turmas e as condições de trabalho ali existentes. Após isso, nas atividades do dia a dia, é possível que o(a) estagiário(a) se integre na sala de aula, observando, acompanhando, participando e conhecendo todo o processo que ali se desenvolve. Em momento propício, do ponto de vista do amadurecimento do(a) estagiário(a) e do desenvolvimento na turma e da escola, dentro da conveniência da escola e da turma em questão, por definição com a supervisão, este ministrará aulas, sintonizando-se com o planejamento existente. As aulas dos(as) estagiários(as) podem ser, assim, por um período prolongado e dentro do planejamento do(a) professor(a) supervisor(a).

Claro está que nem sempre o(a) estagiário(a) encontra-se em condições ótimas para a regência que realizará, mas a integração já realizada com as turmas, o conhecimento do planejamento e a presença do(a) supervisor(a) na sala pode favorecer muito este momento, tratado como continuidade do que já vinha sendo feito.

Nessa linha de atuação, não há por que separar rigorosamente a observação, participação e regência, pois com as articulações entre docentes e licenciando(a)s é possível uma integração crescente na vida escolar.

Apresentamos a seguir uma sugestão de roteiro para ser utilizado pelo(a) estagiário(a), visando à observação da escola, o que não precisa ser feito de pronto, podendo se desdobrar ao longo do estágio; com ele, esperamos oferecer elementos que possam servir de referência nessa importante tarefa de perceber o cotidiano, agora sob o olhar de professor(a).

### 2.8. Sugestão de roteiro para a observação da escola

> A chegada à escola como estagiário(a)-professor(a) requer um olhar diferenciado, pois conhecer o contexto em que se vai atuar é sempre essencial. Olhar a escola como professor(a), conhecer o mundo de relações e questões que com ela estão envolvidos. A escola, agora, será vista como um espaço de atuação profissional.
>
> Destacamos:
>
> - Esteja atento e anote o nome completo da escola, seus turnos de funcionamento, número de alunos, número de professores, técnicos e profissionais diversos, nível de ensino e modalidades, horário das aulas, os projetos e propostas e as especificidades locais.
>
> - Observe a estrutura física, instalações, quadras, cantina, laboratórios, outros equipamentos e condições gerais: tamanho, organização, condições.
>
> - Observe a estrutura administrativa, a diretoria, a secretaria e espaços de apoio.

- Tenha atenção para o movimento geral da escola, como são os alunos, como são os profissionais, a entrada para as aulas, a saída, o recreio, as atividades físicas e outras.

- Como são as salas de aulas: espaços, organização, os(as) alunos(as) (idade, gênero, raça, relações e comportamentos), professor(a) e sua organização para iniciar, desenvolver e concluir as aulas.

- Detenha-se nos conteúdos da matemática tratados pelo(a) professor(a) e a metodologia de ensino, como ele(a) se organizou, como apresentou aos alunos e alunas, suas atitudes, reações e relações na sala de aula.

- Com o(a) professor(a) supervisor(a), aquele(a) que o acompanhará mais de perto na escola, anote seu nome completo, obtenha com ele(a) informações e impressões gerais; peça o seu planejamento geral ou específico para cada turma, o livro didático utilizado e, sempre que possível, procure conversar, entender e atuar conjuntamente em apoio às suas ações.

- Com o acesso ao planejamento do(a) professor(a), conteúdos e metodologias propostas, observe como se apresenta a proposta de avaliação da aprendizagem e de tratamento das dificuldades de aprendizagem existentes.

- Conversando com o(a) supervisor(a) ou com outro profissional da escola, procure saber como é a comunidade em que ela está situada como é a relação da escola com ela, quais são as condições de vida, de lazer e outras informações sobre a vida cotidiana dos alunos e dos moradores.

Tudo isso observado e suas reflexões podem ser anotadas em um diário de campo.

Para a observação, os registros são necessários, seja para compor o seu relatório de estágio, seja para levar elementos para o TCC e para que o(a) próprio(a) estagiário(a) se organize para acompanhar as práticas que ali se desenvolvem.

O(a) estagiário(a) também pode fazer sugestões ao(a) supervisor(a) a partir de suas observações na escola e, quando possível, se articular a outros(as) estagiários(as), procurando entender os desafios existentes e propondo atividades e/ou projetos para inovação. Quando for a sua vez de propor atividades, converse com o(a) professor(a), articule sua apresentação de modo que possa fazer do seu jeito, mas de modo articulado às orientações do(a) professor(a) de estágio.

Observa-se que, neste período da licenciatura, o(a) aluno(a) é estudante e também professor(a), ou seja, estará vivendo uma transição. Esta construção como profissional é que se apresenta como o maior desafio nesta fase da formação, ou seja, estagiário(a) na escola é professor(a).

## 2.9. Plano de aulas – sequência didática

Os planos de aulas estruturam o trabalho do(a) professor(a), compreendendo a seleção do conhecimento a ser tratado, a metodologia de ensino, o tratamento das dificuldades que possam aparecer e a avaliação da aprendizagem. O plano pode proporcionar melhores condições para que o(a) próprio(a) professor(a) perceba o alcance de suas ações, tomando consciência do que avançou e do que ainda é desafio.

De um modo geral, o(a) professor(a) elabora um planejamento anual de seu trabalho, organizando os assuntos selecionados por bimestres ou trimestres, fazendo revisões e adequações sempre que preciso. Geralmente esse plano geral é requerido pela escola. No contato com as turmas, no desenvolvimento dos conteúdos e diante das demandas que surgem, o planejamento irá se inserir em relações, discussões e práticas propostas pela escola, de modo que contempla tanto o conteúdo matemático selecionado e ensinado como também outras ações relativas ao contexto da escola.

Dentro do planejamento do(a) professor(a), o(a) estagiário(a) poderá atuar de diversas maneiras, como, por exemplo, preparando uma atividade que será proposta aos alunos pelo(a) professor(a) ou por ele(a) mesmo(a), corrigindo atividades, ajudando e orientando nas aulas as atividades dos(as) estudantes. As aulas que o(a) estagiário(a) irá assumir também precisam ser planejadas em conjunto com o(a) supervisor(a) e também com o(a) orientador(a). É importante que as aulas planejadas e desenvolvidas pelo(a) estagiário(a) façam parte do plano geral do(a) professor(a). Do mesmo modo que um planejamento de aula do(a) professor(a) deve conter seleção do conhecimento matemático, metodologia de ensino (com os recursos didáticos pertinentes), tratamento dos possíveis erros que possam surgir, avaliação e devolução para a turma.

O(a) estagiário(a) pode escolher uma metodologia que seja interessante, mesmo que seja diferente daquela que o(a) professor(a) supervisor(a) esteja adotando, é importante ser criativo e experimentar, desde que esteja em comum acordo com o(a) supervisor(a). Também é interessante o(a) estagiário(a) pensar no planejamento como será a forma de organização da turma em suas aulas, podendo esta ser organizada em roda, duplas ou grupos.

Um plano de aulas pode seguir uma sequência como esta:

- introduzindo o assunto;
- escolhendo a metodologia e os recursos;

- definindo os objetivos a serem alcançados, indicando a turma e o nível de ensino;
- propondo atividades para o seu desenvolvimento;
- antecipando dúvidas dos alunos que já sejam conhecidas;
- uma forma de avaliação e a finalização.

Uma referência que pode ser adotada para elaborar um plano de aula é procurar responder às questões:

- O quê (ensinar)?
- Para quem? Ou seja, como são os alunos, que demandas existem?
- Como? Que metodologias e organização do espaço e da turma serão indicadas.

Isso porque, mesmo tendo um planejamento geral, é importante que o(a) estagiário(a) aprenda que há adaptações necessárias para cada turma, observando suas dificuldades, possibilidades e interesses.

Em qualquer circunstância, a interação com a turma é absolutamente essencial para um bom desenvolvimento de aulas. Ouvir os estudantes, esclarecer suas dúvidas, conversar sempre que surgir uma questão de interesse, mas mostrar também a importância da aprendizagem e criar estratégias para que todos se engajem em realizar as atividades propostas.

Todo plano de aulas deve conter uma forma de finalização, fazendo sínteses – preferencialmente por escrito, para que todos os estudantes da turma tenham um registro –, e uma avaliação (oral, escrita, prova, trabalho, cartaz, desenho etc.).

No caso do estágio, o(a) licenciando(a) pode entregar ao(à) professor(a) orientador(a) o plano de estágio com suas considerações sobre como foi desenvolvido, avanços, dificuldades e outros apontamentos que considerar.

Como os estagiários vêm de uma formação matemática mais acadêmica, o estágio será uma oportunidade de avançar nas aprendizagens do conhecimento matemático próprio da docência, onde vai perceber que não podem se separar teoria e prática, matemática e didática, conhecimento específico e pedagógico.

## Planos de aulas – sequência didática

> Escrever o plano de aulas é uma forma de apoiar a prática docente, proporcionando consciência do que se pretende fazer e do que foi realizado, tornando a prática mais elaborada e compreensível.
>
> Sugestão de organização:
>
> . Cabeçalho com data.
>
> . Título do plano.
>
> . Nome do(a) estagiário(a)/professor(a).
>
> . Turma, nível de ensino e escola a que se destina.
>
> . Objetivos gerais e específicos que deseja alcançar.
>
> . Introdução do assunto – considerar formas de despertar a curiosidade dos alunos para o estudo novo.
>
> . Desenvolvimento – como se desdobrará a aula após a introdução, com as atividades e outras proposições, recursos didáticos que utilizará, formas de organização da turma (as atividades podem aparecer em anexo).
>
> . Antecipação de dúvidas dos alunos, procurando abordar as dificuldades de aprendizagens já conhecidas.
>
> . Avaliação da participação dos alunos – formas de avaliação que pretende utilizar, distribuição dos pontos e reavaliação com a turma.
>
> . Observações finais.
>
> Ao final, podem ser anexadas atividades de continuidade.
>
> As fontes de referência das atividades podem ser buscadas em livros didáticos, sítios da internet e outras, devendo ser citadas em cada pé de página ou ao final do plano.

## 2.10. Os registros do(a) professor(a)

Consideramos que o registro do(a) professor(a) é um importante instrumento para facilitar a prática docente. O que entendemos por registro? Para que registrar? Como?

Registrar na prática profissional proporciona poder guardar informações, ideias e referências, como meios que auxiliam o(a) professor(a) a olhar para o seu próprio fazer. O registro da prática é um instrumento de reflexão, buscando pensar e equacionar desafios e problemas, percebendo sua evolução ao longo do seu percurso profissional (Lima, 2016).

Renata Nunes Vasconcelos (2003) diz que as pessoas fazem registros porque têm limitações.

> Nossa memória não consegue guardar grande quantidade de informações existentes no mundo contemporâneo. Por isso registramos para que possamos rever o acontecido. E ao registrar o acontecido, fazemos a história, deixamos nossa marca no mundo, assim como os primeiros hominídeos (Vasconcelos, 2003, p. 71).

O registro do(a) professor(a) no seu dia a dia, segundo a autora, pode ocorrer de diversas formas e ser guardado de diversas maneiras. São desenhos, textos, pinturas, fotografias, filmagens, anotações específicas, gráficos, que podem ser armazenados em pastas e arquivos reais ou virtuais.

> Registrar a sua própria prática significa escrever sobre o próprio trabalho, escrever sobre o acontecido, para que assim possamos apreendê-lo, pensá-lo e refletir sobre ele, transformando-o. Pois assim construímos conhecimento. Conhecimento sobre nossa própria prática docente e sobre nós, professores e professoras, enquanto sujeitos que somos. [...] Hoje entendemos que o professor e a professora seja pesquisador/a de sua ação docente e não apenas um/a executor/a de planos, projetos, cronogramas e quantas outras forem as novidades pedagógicas pensadas por outros. Como um sujeito de seu trabalho pensa, executa e reelabora, através do registro de suas ações. O registro, então, é um elemento a mais além da vivência do momento em que estamos impregnados e às vezes impenetráveis a um conjunto de sinais que se manifestam no cotidiano e que não significa podermos necessariamente refletir sobre eles no momento em que ocorrem (Vasconcelos, 2003, p. 71).

Vasconcelos (2003) afirma também que "A escrita tem tido uma função de apoio na organização do pensamento, das expectativas, dos desejos, dos sonhos" (p. 71). Muitas vezes, o ato de escrita de uma situação elucida aspectos que antes não se mostravam; favorece ainda que sejam reunidos a outros registros, de modo que, em conjunto, possam apontar entendimentos ou mesmo alternativas do desenvolvimento próprio profissional.

O registro do(a) professor(a) não tem uma norma única a seguir, cada um(a) irá perceber suas necessidades e se organizar com os registros conforme perceber ser necessário. Como sugestão, a autora diz:

> [...] Registra-se o movimento do grupo com o qual ele/a trabalha; registra suas ações frente às situações vivenciadas; registra o pensamento do/a aluno/a frente a situações planejadas ou não. Enfim, registra o processo educacional e ele/a dentro desse processo. Não é um registro neutro (Vasconcelos, 2003, p. 71).

Em síntese, o registro desempenha funções de guardar informações, de criação de uma possibilidade de distanciamento e reflexão diante do ocorrido, das ações dos sujeitos envolvidos e dos próprios sujeitos. Esse distanciamento permite um deslocamento, tanto do(a) professor(a) quanto dos demais, na busca de compreensão, de elementos positivos e negativos, do movimento de convivência, de aprendizagem, de crescimento. Pode ser, portanto, importante instrumento para auxiliar a reflexão da prática e a reflexão de si mesmo na profissão.

## Algumas formas de registro podem ser citadas:

- <u>Diário de práticas, diário de bordo ou diário de campo</u> – espaço para anotações do desenvolvimento cotidiano de uma experiência ou de observações práticas, entre outros; os diários podem ser cadernos ou folhas que se acumulam numa pasta; também arquivos de textos no celular ou tablet; devem conter data, descrição das atividades e observações, opiniões e ainda alertas.

- <u>Notas de leitura</u> – são anotações feitas a partir de leituras; esses registros devem considerar as ideias do autor em separado das ideias do leitor, citando devida e corretamente as fontes; as notas facilitam o retorno ao que se destacou, de modo rápido e direto; em certos momentos podemos desejar reler o texto original e, provavelmente, faremos outras notas, porque a cada momento um aspecto do texto nos chama a atenção

- <u>Textos de relato e análise</u> – são escritas de pequenos textos de reuniões, de ideias esparsas, de relatos ou novas ideias; a reunião deles pode favorecer registros mais aprofundados ao término de uma experiência ou fase de formação. Estes textos têm, então, um sentido de anotação das reflexões realizadas durante uma experiência, podendo ser utilizados em momentos de formação, socializados entre colegas ou, até mesmo, publicados como relatos de experiência.

- <u>Portifólio</u> – é uma coleção de materiais selecionados, como apostilas, aulas preparadas, atividades interessantes, provas, fotografias e outros materiais que tenham sido utilizados durante um processo de ensino, de estudo ou de aprendizagem; os materiais de um portifólio podem representar os pensamentos, objetivos e experiências de um(a) estudante ou professor(a); podem ser agrupados segundo algum critério (cronológico, por interesse) ou outro referencial que faça uma interligação entre os registros, como um fio condutor para a reflexão e a autoavaliação.

Para melhor organização da atuação profissional, é bom destacar a necessidade de se definir um espaço físico e/ou virtual particular para a criação de seus arquivos, um espaço para guardar seus planejamentos, suas anotações, uma pequena biblioteca própria e também para alguns recursos didáticos.

Diante de tantos desafios para a educação, nos dias de hoje, podemos indicar que o registro profissional é um meio de facilitar a prática, de favorecer uma atuação planejada e reflexiva.

## 2.11. Sugestão de registro diário do estágio

O diário de campo pode ser um caderno, *tablet* ou mesmo folhas separadas que se organizarão numa pasta.

Nome do(a) aluno(a)_____

Nome da Escola _____

Nome do(a) Professor(a) Supervisor(a) _____

| Data | Turma | Conteúdo e metodologia desenvolvida | Participação do(a) estagiário(a) no desenvolvimento da aula ou em outra atividade |
|---|---|---|---|
| | | | |
| | | | |
| | | | |
| | | | |
| | | | |
| | | | |
| | | | |
| | | | |
| | | | |

Anote também suas observações sobre o desenvolvimento das aulas.

# Capítulo 3

# A AULA DE MATEMÁTICA

Os currículos de Matemática das escolas de educação básica do Brasil, e de quase todos os países, incluem os conceitos fundamentais da matemática. São conceitos que vão do concreto para o abstrato ao longo dos anos, favorecendo a compreensão da Matemática como área de conhecimento e propondo desenvolver capacidades, aplicações, como resolver problemas diversos e de fazer cálculos. Porém, nem sempre a matemática é vista pelos estudantes como um conhecimento útil e compreensivo. Uma das explicações para isso está na aula de matemática.

Em sua formação no ensino superior, o(a) futuro(a) professor(a) de Matemática teve nas disciplinas dos conteúdos específicos, de um modo geral, aulas expositivas, dominadas por demonstrações, exemplos de aplicação dos conceitos e exercícios. Dessa maneira, a formação matemática tem sido a de transmitir o conhecimento matemático acadêmico, visando dar uma base para o(a) professor(a), esperando que ele(a) faça na sua prática as adaptações necessárias para a função de ensinar.

Apesar de essa ser uma constatação que pode ser verificada em várias pesquisas, não significa que exista uma unicidade de práticas nas disciplinas especificas de conteúdo matemático, certamente existem profissionais que procuram desenvolver os conteúdos de maneira mais dinâmica, abordando sua origem e usos, utilizando didáticas com investigações, abordando os conhecimentos por meio de problemas, ou propondo o uso de recursos didáticos tecnológicos diversos.

Na educação básica, nas últimas décadas, presenciamos uma maior pressão social por uma formação mais dinâmica, aulas dialógicas para os educandos se engajarem mais. Compreendemos que essa pressão é resultado de um movimento de mudança de perspectiva que visa ampliar as aprendizagens "para todos", em particular em decorrência da enorme diversificação do público que chega à escola devido à universalização da educação básica. A sociedade se reconhece mais diversa e a escola espelha essa condição explicitamente, em sua diversidade étnica e cultural, fruto da inclusão de estudantes de todas as classes sociais, que se deu a partir dos anos de 1970-80-90, e das pessoas portadoras de deficiência, nos anos 2000. De outro modo, há também uma maior consciência social no sentido de buscar sentidos nos estudos, levando a que as práticas de ensino e aprendizagem pautadas na memorização não sejam mais tão valorizadas.

No sistema de ensino atual, vive-se, de modo até mesmo contraditório, uma demanda por uma educação mais dinâmica e uma pressão sobre a aprendizagem dos alunos que é ditada por avaliações sistêmicas.

Vamos ver neste capítulo como a matemática é entendida, ou seja, como defini-la; vamos abordar também a Etnomatemática; em seguida, trataremos de metodologias de ensino, do laboratório de ensino de matemática; e finalizaremos com referências à Base Nacional Comum Curricular (BNCC).

## 3.1. Um histórico de aulas expositivas no ensino de matemática

Segundo Ubiratan D´Ambrosio (1996), provavelmente, os conceitos fundamentais da matemática são conteúdos ensinados em todas as escolas do planeta. O ensino de Matemática, dessa maneira, está presente em contextos escolares muito variados, desde os anos iniciais do ensino fundamental até o médio, nas escolas, públicas ou particulares, inseridas nas mais diversas comunidades e nos diferentes níveis socioeconômicos. Será, então, que o ensino desse conhecimento que se dá de forma tão ampla é sempre feito de uma mesma maneira? As pesquisas mostram que não; porém, como é uma aula de matemática?

Provavelmente, a ideia mais comum de uma aula de matemática na escola básica seja a do(a) professor(a) apresentando a "matéria" no quadro de forma expositiva, em seguida dando exemplos e, por fim, solicitando a resolução de uma lista de exercícios, com alunos enfileirados, copiando e resolvendo o que é proposto. Segundo Ubiratan D'Ambrosio (1989), nossa tradição é da *típica aula de matemática* como "uma aula expositiva, em que o professor passa no quadro negro aquilo que ele julga importante. O(a) aluno(a)... copia da lousa para o seu caderno e em seguida procura fazer exercícios de aplicação" (p. 15). A denominação que expressa bem esse tipo de ensino é "educação bancária", termo criado por Paulo Freire, como "educação dissertadora", onde "em lugar de comunicar-se, o educador faz "comunicados" e depósitos que os educandos, meras incidências, recebem pacientemente, memorizam, repetem" (Freire, 1983, p. 66).

A abordagem aqui citada é percebida desde o ensino básico até o ensino superior, pois, geralmente, há muita influência sobre os professores da forma que, como estudantes, aprenderam em sua formação.

Nessa abordagem típica de ensino da "educação bancária", existem professores que dialogam mais com os seus alunos ou que são mais fechados, mas a aula será construída sob uma relação entre professor-alunos, onde o(a) professor(a) é o detentor do saber e o(a) aluno(a) deve assimilar o conhecimento transmitido.

A lógica da aula expositiva está baseada na transmissão de conceitos que se considera importante que os alunos dominem. No caso da matemática, em geral, se opta por apresentar o conhecimento de forma acadêmica, mesmo que sua linguagem seja mais simplificada, mas o ponto de partida está em apresentar o conteúdo com definições, propriedades, fórmulas, deduções e demonstrações para, na sequência, promover aplicações em atividades escolares. A avaliação da aprendizagem do aluno mede sua capacidade de reproduzir o que foi ensinado e de aplicar esses conhecimentos em exercícios-padrão. Essa lógica na escola, adotada e dominante por anos, historicamente convive com os altos índices de reprovação nessa área e, provavelmente, contribui para a visão negativa que os estudantes, em geral, têm da Matemática.

Falando sobre o ensino básico e superior, na licenciatura em Matemática, Fischer (2008) sintetiza bem essa forma de ensino:

> Ainda é comum encontrar, entre professores de matemática, principalmente no ensino superior, apenas formatos tradicionais de conduzir uma aula. É aquela sequência do tipo: exposição da matéria no quadro, apresentação de algum exemplo e, em seguida, uma lista de exercícios para os alunos. Estes acabam tendo uma atitude passiva ao copiar a matéria exposta, arriscando alguma pergunta de vez em quando, e passam aos exercícios, nem sempre se sentindo em condições de resolvê-los. [...] O que se pode esperar quanto à avaliação praticada por um professor com esse perfil? Com certeza, nada muito diferente do que é desenvolvido em suas aulas, ou seja, uma cobrança da matéria exposta, sem, em geral, espaço para que o aluno possa manifestar como ele construiu, ou reelaborou, aquele conhecimento (Fischer, 2008, p. 77).

A ideia "escola para todos' já está presente na Constituição Brasileira desde 1988. As políticas de progressão continuada no Brasil, quando o tempo de aprendizagem é aumentado visando equacionar dificuldades de aprendizagem, se iniciaram nos anos 1980, com os programas dos Ciclos Básicos de Alfabetização (CBA) e muitos outros se seguiram. Muitos novos projetos pedagógicos elaborados nos estados e nos municípios se mostraram inovadores no sentido de pensar a formação básica como um direito de aprendizagem e formação, incluindo ciclos, avaliação contínua e metodologias diferenciadas.

Com a perspectiva da "escola para todos", desde os anos 2000, surgem políticas de progressão continuada no ensino fundamental, com uma perspectiva de melhorar as aprendizagens, garantia ao direito à educação, evitando-se a exclusão escolar. Uma forte crítica a essa política é que muitos sistemas optaram apenas pela aprovação automática, visando aumentar a eficiência do próprio sistema, melhorando o fluxo escolar, reduzindo os gastos financeiros e aumentando a diplomação. Em alguns deles, premidos por uma situação da política educacional vigente, quando não há grande investimento na educação, muitas vezes os alunos são promovidos mesmo sem mostrar aprendizagem.

Uma política universalizada da escola básica visando aprendizagem para todos coloca em xeque o ensino tradicional de matemática que citamos. Dessa forma, os professores começam a buscar alternativas para ensinar, inserindo na aula outras estratégias, como a resolução de problemas, a utilização de mídias e jogos, entre outros recursos didáticos. Há também professores que usam as mídias (como dar as aulas com o *power point*) para apresentar os conteúdos, porém mesmo que tenham dispensado o uso convencional do quadro, essa estratégia se configura, como uma aula expositiva com tecnologia, ou seja, é o ensino tradicional apenas com um verniz de novo.

Um dos indicativos de que o ensino de Matemática deve ser atualizado é o fato de que grande parte dos estudantes a consideram uma disciplina difícil, alguns manifestam até mesmo medo, seja pelos índices de reprovação que sempre promoveu e marca a escolarização, seja por ele impor um tipo de raciocínio próprio, que é baseado em lógica dedutiva, com uma linguagem singular. Apenas um pequeno número de alunos admira essas características e se encanta pela matemática ensinada dessa forma, mas é senso comum que as dificuldades persistentes na área têm indicado a necessidade de mudanças.

Há ainda que citar que, historicamente, o ensino de matemática vem sendo considerado como importante porque é difícil, ou seja, o seu ensino tem como característica ter *status* por ser pouco acessível, o que alimenta também algumas práticas pedagógicas pouco dialógicas. Até mesmo no ensino superior, a dificuldade que a matemática representa para os estudantes pode ser vista como fator de *status*. Essa situação, por vezes, alimenta e é alimentada por professores que se apresentam como bravos e exigentes, mas que são muito respeitados por dominar a teoria e mostrar segurança na resolução dos problemas. Outro aspecto é um entendimento bem disseminado de que quem gosta de matemática é inteligente, até mesmo um gênio, sendo sempre admirado. Contudo, de uma maneira geral, diante do quadro com mal resultado nos processos avaliativos e do universo de discursos críticos diante da Matemática, fica a percepção de que o seu ensino necessita de uma reflexão bem mais detida.

O modo de "ver e conceber" o ensino de matemática tem como base uma visão de educação, uma visão de matemática e de educação matemática. Fiorentini (1994) explica que

> [...] por trás de cada modo de ensinar, esconde-se uma particular concepção de aprendizagem, de ensino e de educação. O modo de ensinar depende também da concepção que o professor(a) tem do saber matemático, das finalidades que atribui ao ensino de matemáticas, da forma como concebe a relação professor-aluno e, além disso, da visão que tem de mundo, de sociedade e de homem (Fiorentini, 1994, p. 38).

Educadores(as) matemáticos(as) têm procurado avançar nas questões que envolvem o ensino, não só do ponto de vista metodológico, mas também das concepções que o estruturam. Metodologias de ensino são importantes na compreensão de que não existe conteúdo sem forma, ou seja, a metodologia de ensino costuma mostrar o próprio entendimento de matemática e de educação que tem o(a) docente, como diz Fiorentini. Destacamos, então, que o ensino depende dos conhecimentos planejados a serem transmitidos, das relações estabelecidas entre professor(a) e alunos(as), também de como são tratadas as dificuldades de aprendizagem, da avaliação proposta, dos recursos e condições existentes, entre outros fatores.

Os estudos no âmbito da Educação Matemática mostram que as mudanças necessárias não se trata apenas de ilustrar aulas expositivas com experiências metodológicas, mas de ensinar uma matemática que faça sentido para os estudantes, e para isso é preciso considerar um conjunto de fatores. É o que discutiremos a seguir.

## 3.2. Repensando a formação docente durante a licenciatura

Da mesma forma que na educação básica, percebe-se que o curso de formação de professores de Matemática, a licenciatura, geralmente, tem um ensino de matemática baseado na perspectiva transmissiva (educação bancária), o que compõe a maior parte da sua carga horária. Ou seja, por mais que se tenha avançado nos estudos sobre a diversidade de metodologias de ensino, sobre as questões sociais e do papel da escola, se veem ainda poucos reflexos dessas discussões no ensino de matemática nos cursos de Licenciatura em Matemática, pois ainda estão restritas às disciplinas específicas da formação docente e aos estágios. É nesse espaço que se busca discutir metodologias diversificadas de ensino, a ampliação do uso de recursos tecnológicos, o estudo dos conteúdos específicos da matemática na educação básica, superando a perspectiva transmissiva que é, certamente, um dos fatores que torna a matemática pouco compreensiva para alunos, inclusive os próprios licenciandos. O estudo da matemática na licenciatura focado numa lógica transmissiva que vê a matemática como universal e única, difere do estudo da parte pedagógica e do estágio, de modo que deixa um "recado" confuso para o(a) futuro(a) professor(a).

A aula de matemática na lógica transmissiva, durante a formação inicial, contribui para reforçar a imagem de disciplina difícil, e que é um ensino para gênios e pessoas diferenciadas, levando a altos índices de reprovação. Como muitos estudantes se perdem pelo caminho da licenciatura em Matemática, não chegando a concluí-la, aqueles que conseguem terminar a graduação, em geral, se sentem vitoriosos por terem vencido a batalha da formação, passando a legitimar a metodologia de ensino que, de certa forma, permitiu que ele se destacasse em relação aos demais. Dessa forma, esse processo leva, muitas vezes, o futuro professor à sua reprodução (Zaidan, 2009; Pinheiro, 2019).

Como a formação inicial de professores pode ajudar a avançar as práticas diante desta situação do ensino de matemática? Alguns pesquisadores no Brasil, e em outros países, defendem que na licenciatura o estudo do conhecimento matemático deve ter características próprias para a formação daquele profissional que irá ensiná-la, ou seja, o(a) professor(a). Alguns autores denominam esta abordagem da matemática própria para a docência como "matemática escolar" (Moreira; David, 2005; Moreira; Ferreira, 2013), outros denominam de "conhecimento matemático para o ensino" (Ball; Thames; Phelps, 2008), o que, mesmo com abordagens diferenciadas, se refere a uma formação matemática para a prática de ensinar, objetivo da docência. Nessa visão, o ensino de matemática na licenciatura deveria ter características específicas para a profissão docente, se articulando mais e mais às demandas da escola básica. Nesse sentido, a formação matemática de professores vai além de saber aplicar os conceitos matemáticos, resolver exercícios e problemas, é preciso compreender seus fundamentos para poder ensinar, é preciso também perceber modos de flexibilização do raciocínio e dos registros, pois o(a) professor(a) é o/a profissional que terá de explicar, aplicar e ajudar a dar sentido ao conhecimento para os(as) educandos(as).

Nessa compreensão, o ensino de matemática para formar matemáticos tem características próprias:

> [...] A prática do matemático tem como uma de suas características mais importantes, a produção de resultados originais de **fronteira**. Os tipos de objetos com os quais se trabalha, os níveis de abstração em que se colocam as questões e a busca permanente de máxima generalidades nos resultados fazem com que a ênfase nas estruturas abstratas, o processo rigorosamente lógico-dedutivo e a extrema precisão de linguagem sejam, entre outros, valores essenciais associados à visão que o matemático profissional constrói do conhecimento matemático (Moreira; David, 2005, p. 21).

Já para se formar professores, precisa desenvolver outras especificidades:

> Por sua vez, a prática do professor e Matemática da escola básica desenvolve-se num contexto **educativo**, o que coloca a necessidade de uma visão fundamentalmente diferente. Nesse contexto, definições mais descritivas, formas alternativas (mais acessíveis ao aluno em cada um dos estágios escolares) para demonstrações, argumentações ou apresentação de conceitos e resultados, a reflexão profunda sobre as origens dos erros dos alunos etc., se tornam valores essenciais associados ao saber matemático escolar (Moreira; David, 2005, p. 21).

Entendemos, como Moreira e David (2005), que a "matemática científica", que é a matemática produzida por pesquisadores da área, é um conhecimento estruturado axiomaticamente, onde "todas as provas se desenvolvem apoiadas nas definições e nos teoremas anteriormente estabelecidos (e evidentemente nos postulados e conceitos primitivos)" (p. 23), ou seja, é um conhecimento que requer precisão, formalização e procedimentos bem definidos.

De outro modo, na "matemática escolar", como matemática própria para a docência, a que é produzida no e para o ensino da disciplina, o que importa é a aprendizagem e a compreensão, com justificativas "que permitam ao aluno utilizá-lo de maneira coerente e conveniente na sua vida escolar e extraescolar." (p. 23). Assim, nos processos de ensino e aprendizagem podem ser aceitas justificativas mais "livres", ou menos formais, os registros podem ser mais flexíveis e ir avançando no sentido de constituir formas de registro mais adequadas da linguagem matemática, que é mais formal, ao longo dos anos da escolarização. Os erros cometidos pelo(a) aluno(a) na aprendizagem da matemática não devem ser penalizados, e sim verificados e analisados pelo(a) professor(a), pois mostra o caminho de construção do conhecimento que a estudante está fazendo.

Na visão de Moreira e David (2005), a matemática escolar "se funda na complexidade da própria prática educativa escolar e não mais nos valores específicos da matemática científica" (p. 35), pois se articula a um conjunto de situações e condições de ensino, incorporando os saberes profissionais docentes (sobre metodologias, relações, avaliação processual, relações dialógicas, entre outros).

Dois outros pontos merecem ser ainda abordados no caminho de tornar o ensino de matemática mais acessível e compreensível aos estudantes: a relação professor-aluno e a avaliação da aprendizagem.

A relação professor-aluno, de um modo geral, tem acompanhado o desenvolvimento democrático da sociedade, aspecto essencial para uma formação cidadã, que não só reconhece direitos às crianças, jovens e adultos (como o direito à educação e à aprendizagem, a liberdade de perguntar na aula), como oferece múltiplas possibilidades de contato com o conhecimento matemático para além da aula (por meio de livros, internet e outros). Desse modo, espera-se a construção na educação básica de relações dialógicas e construtivas, com limites coletivamente construídos, de modo que também a aula de matemática contribua com a formação para a cidadania. Essa perspectiva necessita ser incorporada no ensino da matemática, em todos os níveis de formação.

A avaliação da aprendizagem também é um fator essencial e, numa perspectiva da escola democrática, diversa e inclusiva, é compreendida como parte integrante dos processos de ensino e aprendizagem. Nesse sentido, o(a) futuro(a) professor(a) terá necessariamente que propor uma avaliação da aprendizagem adequada a essa nova demanda da Educação, pois o sistema avaliativo que adotar irá indicar sua visão de escola básica, de valores, visão de mundo e de aprendizagem da matemática. Para isso, torna-se essencial que construam uma base teórica sobre educação matemática durante a graduação. É importante que o sistema de avaliação da aprendizagem adotado pelo(a) professor(a) seja transparente e apresentado para os estudantes, com ações diagnósticas, respeitosas, incorporando a compreensão do erro como parte da construção do conhecimento e situando o(a) aluno(a) no seu processo de aprendizagem. Em capítulo mais adiante trataremos do tema da avaliação de forma mais detalhada.

Diante do que aqui está sendo abordado, há de se compreender que a formação docente, inicial ou continuada, precisa avançar nesses aspectos, sem desconhecer as especificidades e dificuldades que marcam a educação básica.

### 3.3. Entendimentos sobre o que é a matemática

Como definir a matemática? As respostas para essa questão não são simples, pois existem diversas formas de entender o que é matemática. Ubiratan D'Ambrosio refere-se a essa pergunta da seguinte maneira:

> Tentando responder essa questão, é muito curiosa a resposta dada, inclusive por muitos matemáticos, com uma dupla interrogação: "O que é matemática? Resposta: é aquilo que os matemáticos fazem. O que os matemáticos fazem? Resposta: fazem matemática." Essa dupla interrogação reflete o quão difícil é a questão (D'Ambrosio, 2016, p. 23).

Essa resposta recursiva à pergunta indica uma dificuldade de se definir a matemática. Uma visão comum do que é a matemática é dada por algumas de suas características, como ser uma ciência exata, estruturada, organizada, com linguagem própria, pautada na lógica dedutiva e tautológica, onde o reconhecimento da verdade se dá por demonstrações, com um estilo próprio construído no âmbito da comunidade dos matemáticos. A resposta dos matemáticos, citada por D'Ambrosio, mostra uma visão muito fechada da área, pois considera como matemática apenas a matemática produzida pelos matemáticos e encontrada nas produções acadêmicas.

Vamos encontrar outro entendimento do que é a matemática, que a considera como uma construção histórica, resultado da leitura, interpretação e sistematização de problemas advindos da vida social desde os tempos em que homem/mulher se entendem como homem/mulher, tendo para isso sido criado um modo de racionar, critérios de verificação e verdade assentados na demonstração, com formas de registros próprias, sendo que tudo isso vem se modificando ao longo dos tempos, até chegar a que temos nos dias de hoje. Desse modo, como construção histórica, a Matemática, como ciência estabelecida institucionalmente, ou seja, elaborada nos estudos e nas pesquisas dos matemáticos, pode ser vista como **uma** matemática. Esta Matemática que se encontra enraizada no conjunto mais amplo de pesquisadores matemáticos nos grandes centros universitários dos países.

Ver a matemática como "uma matemática" significa reconhecer a existência de outras matemáticas ou outras formas de se fazer matemática. Isso porque, de modos diferenciados, representando outras visões de mundo, existem outras maneiras de se produzir conhecimento matemático. Esse conhecimento foi construído por povos diferenciados, ao longo da história das civiliza**ções**, também para responder e enfrentar problemas e desafios de sua vida social, porém se utilizaram de estratégias diferenciadas. Reconhecendo-a como conhecimento construído socialmente, Ubiratan D'Ambrosio define

> Vejo a disciplina matemática como uma estratégia desenvolvida pela espécie humana ao longo de sua história para explicar, para entender, para manejar e conviver com a realidade sensível perceptível, e com o seu imaginário, naturalmente dentro de um contexto natural e cultural. Isso se dá da mesma maneira com as técnicas, as artes, as religiões e as ciências em geral. (D'Ambrosio, 1996, p. 7).

Chaves (2005)[6] apresenta uma ideia oposta à de D'Ambrosio. Ao discutir a evolução da matemática e sua relação com outras ciências, inicialmente pergunta:

> a) Será a matemática uma mera invenção humana, ou terá existência externa e independente da nossa mente? b) Os fenômenos naturais seguem leis de caráter matemático, ou será a descrição matemática que a Física faz da natureza apenas uma representação decorrente de contingências históricas? (Chaves, 2005, p. 171).

Em resposta, o autor defende que "a matemática é uma descoberta e não uma invenção humana, [...], os conceitos fundamentais da matemática são por nós apreendidos como juízos *a priori*". Para essa visão, apoia-se em Pitágoras, Platão e Kant. Para ele, a matemática está na natureza, na vida de tudo e todos, cabendo aos matemáticos captá-la.

É possível perceber, assim, que existem perspectivas diferentes sobre o que é a matemática, que vão além da descrição das características do conhecimento que a compõe. Para nós, se a vida real física e social em nosso Planeta possui características e regularidades observáveis que podem ser organizadas como conhecimento, a matemática vai além, pois, captando essas regularidades, consegue ampliar relações, fazer sistematizações que podem ou não estar vinculadas aos contextos, criando uma linguagem e organização próprias. Por tudo isso, consideramos que a matemática deve ser caracterizada como uma construção humana ao longo de nossa história, que sofreu e sofre modificações ao longo dos tempos. Nessa perspectiva, modos diferenciados de contar e medir, ou realizar cálculos podem ser verificados em realizações humanas ao longo da história, como em edificações, na construção desde uma cesta até a de um navio ou uma nave espacial; são muitos os exemplos existentes em diversos povos e em diversos tempos que podem ser vistos como formas diferenciadas de matematizar.

Para Skovsmose (2007), a matemática é diversa e pode ser encontrada em todo lugar, sendo desenvolvida por diversos grupos em diferentes situações, de modo que não há uma característica unificadora.

> Podemos considerar diversas e diferentes atividades como matemática: os cálculos de mudanças em padarias; a resolução de equações cúbicas de lição de casa; a busca por algoritmos mais eficientes para a fatoração em números primos; a investigação do funcionamento do braço de um robô usando cálculo de matriz; a pesquisa em álgebra; a leitura de figuras estatísticas; o cálculo de estimativa de riscos conectados à construção de uma poderosa planta atômica; o planejamento da rota mais barata para ir, nas férias, a uma praia; a estimativa de quanto dar de gorjeta no restaurante; a construção do telhado de uma cabana; o peso de cestos; o tecer de uma blusa; o desenvolvimento do plano de construção de uma ponte; a montagem do horário do programa de uma conferência (Skovsmose, 2007, p. 211).

Em nosso entendimento da visão de Skovsmose (2007), considerarmos que a matemática é vista por matemáticos, ou que é descoberta, cria o que ele chama de "ideologia da certeza". Nessa visão, vê-se um respeito exagerado em relação aos números, responsável por um entendimento, amplamente difundido, de que a aplicação de conhecimentos matemáticos assegurará resultados certos e definitivos. O autor acrescenta, como decorrência, que "A precisão da matemática (pura) é como que transferida para a precisão das soluções aos problemas" (Skovsmose, 2007, p. 81). Isso pode ser visto no cotidiano quando se fazem afirmações duvidosas baseadas em números, para ter aparência de verdade.

D'Ambrosio (2001), com o objetivo de estudar as várias formas de se produzir conhecimento matemático, inicia no Brasil o que ele denominou Etnomatemática, um programa de pesquisas cuja visão pressupõe a Matemática como uma construção histórica, realizada por grupos sociais diversos pelas necessidades de suas vidas, em seus tempos de desenvolvimento. Assim, reconhece outros modos de contar e medir, como de concepção e operacionalização de modos de cálculos mais avançados que estão presentes em agrupamentos sociais já extintos e atuais. Veem-se, pois, matemáticas. Assim, ele define a Etnomatemática como:

> [...] a matemática praticada por grupos culturais, tais como comunidades urbanas e rurais, grupos de trabalhadores, classes profissionais, crianças de uma certa faixa etária, sociedades indígenas, e tantos outros grupos que de identificam por objetivos e tradições comuns aos grupos (D'Ambrosio, 2001, p. 9).

A visão da Etnomatemática está presente em programas de pesquisa em muitos países, resgatando a matemática de povos que viveram ao longo da história humana, outros que ainda vivem, reconhecendo suas elaborações e construções. Presta atenção e resgata produções de agrupamentos sociais, como povos indígenas, quilombolas, trabalhadores da terra, entre muitos outros, ao longo da história e nos dias de hoje.

### 3.4. Diversificar metodologias no ensino de matemática

A aula é um momento muito especial de encontro de professores com seus alunos e alunas e caracteriza-se pelo diálogo, ensino, aprendizagem, vivências e convivências, ou seja, ela tem como objetivo o ensino de conhecimentos específicos, mas vai muito além. Na aula estão presentes conhecimentos, saberes, valores, sentimentos.

Para o(a) professor(a), aquele que coordena a aula, uma ideia importante é a da "condição docente", que são modos de ser docente em cada momento histórico, envolvendo um conjunto indissociável de aspectos, situados em processos formativos. Os modos de ser docente envolvem: as condições de trabalho, as relações com pares, com os dirigentes, com a comunidade escolar e especialmente com os educandos; uma visão sobre os conhecimentos científicos, escolares e sociais; a prática pedagógica, uso de recursos diversos para o ensino, posturas, valores, sentimentos e sensibilidades. Assim, a condição docente é historicamente constituída, em permanente transformação, pois articula elementos objetivos e subjetivos, inseridos em condições econômica, social, política e cultural, relativas ao contexto geral e local em que se situa a docência.

Inês Teixeira pesquisa a condição docente e considera que existe um elemento que a marca profundamente, ela afirma que

> Tentando compreender a condição docente em sua fundação e origem, como o que funda ou como a matéria de que são feitos a docência e o docente e, ainda, como o estado que constitui a docência em sua historicidade, em sua realização, encontramos uma relação. A docência se instaura na relação social entre docente e discente. Um não existe sem o outro. Docentes e discentes se constituem, se criam e recriam mutuamente, numa invenção de si que é também uma invenção do outro. Numa criação de si porque há o outro, a partir do outro (Teixeira, 2007, p. 429, grifo nosso).

Logo, a relação que se estabelece na sala de aula entre professor(a) e os(as) estudantes é um aspecto central e determinante para se entender a docência, pois ser professor(a) é estar nessa relação, sem ela não existe docência. Teixeira a denomina por relação fundante.

Justamente esta relação encontra-se em um momento diferente nos últimos tempos. Estudantes irreverentes, "não querem saber de nada", costumam dizer alguns professores. É uma relação a ser repensada, pois justamente ela é formativa – vamos lembrar das memórias de estudantes, quanto destaque há em aspectos positivos e negativos advindos das relações com professores. Como construir relações responsáveis e criativas, alegres e formativas, dialógicas e eficientes, que proporcionem aprendizagens e capacidades de pensar e analisar?

Outros aspectos a considerar: o espaço e o tempo da aula. Tradicionalmente o espaço da aula está regulado pela escola, ocorre na sala de aula, quer seja ela presencial ou virtual, mas também pode ocorrer em espaços alternativos como biblioteca, sala de recursos ou mesmo ao ar livre. O tempo da aula também pode variar, em geral, entre quarenta e cinquenta minutos, embora muitas escolas trabalhem com módulos maiores, como, por exemplo, aulas com duração de cem ou cento e vinte minutos. Os turnos de ensino também são tempos próprios, pela manhã, tarde e noite, muitas vezes compreendendo alunos e profissionais diferenciados, pequenas realidades recortadas pelas temporalidades das gerações ali presentes. Encontra-se, ainda, a escola de tempo integral, cujos projetos são variados.

Em que lugar está a escola? A escola está situada numa comunidade, no bairro e cidade, sendo que, geralmente, a escola de um bairro costuma agregar seus moradores. Há escolas que ficam em grandes centros urbanos e que mobilizam estudantes de bairros mais distantes. Há também escolas "de passagem", situadas nos centros ou em região comercial, agregando aqueles que trabalham na região ou que por ali passam do trabalho às suas residências. Observar a escola e perceber como ocorrem essas relações é importante para o(a) professor(a) se situar diante do seu fazer.

A escola e a aula são espaços de construção de conhecimentos em relações cotidianas. Muitas são as possibilidades para o(a) professor(a) de se planejar e de iniciar a apresentação de um conhecimento que deseja ensinar. Pode ser considerado essencial esse primeiro momento de contato com o conceito (a contagem, a medida, o pensamento algébrico **e a álgebra**, o pensamento geométrico e a geometria, os números, a estatística), de modo que merece atenção especial.

Há uma prática de aulas de revisão das matérias já tratadas na escola, especificamente na aula de matemática, pois fala-se muitas vezes que os conhecimentos são encadeados, necessitando de pré-requisitos para um tema novo. Práticas de ensino criativas e uma visão mais dinâmica da matemática faz pensar que isso não é necessário e que, ao contrário, a revisão de conhecimentos já ensinados, pensando em criar as condições para o ensino novo, pode é desestimular o que se irá ensinar. Muitas práticas têm mostrado que a revisão de habilidades já ensinadas, quando feita dentro do novo conhecimento, pode produzir melhores efeitos (Menezes, Reis; Zaidan, 2021).

Introduzir um novo conhecimento com uma pergunta ou situação que desperte a curiosidade ou que provoque uma investigação, apresentar uma situação-problema desafiadora ou outra forma que desperte a atenção do(a) estudante, pode ser uma maneira muito mais proveitosa. As metodologias de ensino não devem ser vistas de modo isolado, elas se misturam ao longo da atividade didática proposta, formam o(a) estudante na sua visão de matemática. Se os estudantes começam a aprender, a disposição para continuar aprendendo é sempre muito maior, comparando com a dificuldade que, tornando-se contínua, frustra e desanima.

Vamos aqui chamar a atenção para a importância da aula com uso de recursos didáticos diversos, quando o(a) professor(a) propõe aos estudantes a realização de uma atividade sobre um assunto utilizando um material concreto ou virtual, visando seu entendimento por meio da aplicação, visualização, manipulação ou informação. Essa situação pode estar presente em qualquer outra metodologia já apresentada, porém pode ser também uma aula que vai apenas usar um recurso material ou virtual para introduzir ou desenvolver um conceito matemático.

No ensino de matemática, a visualização proporcionada ao aluno é de grande importância para compreender os entes geométricos. Certamente que as pessoas, no caso, os(as) estudantes, têm diferentes modos de visualizar objetos e figuras bi e tridimensionais. Segundo Alana Nunes Pereira (2020),

> [...] a visualização em geometria pode ser considerada como um processo que gera um produto da reflexão, do uso, da interpretação e da criação de imagens em nossas mentes, usando, por exemplo, papel, materiais concretos e/ou ferramentas tecnológicas como auxílio nesse processo (Pereira, 2020, p. 72).

Podem ser considerados materiais concretos para o ensino um conjunto de recursos, como o material dourado, as placas de QVL, jogos, sólidos geométricos, ábacos, fichas coloridas de diversos tipos, tábuas de *Couseneur*, superfícies geométricas, vídeos, baralho, dados e muitos outros que podem ser adquiridos já prontos. Também podem ser considerados materiais concretos aqueles construídos pelos estudantes ou um ajuntamento de objetos diversos para o estudo das formas e sua utilização social (embalagens) etc.

Espera-se que os materiais concretos favoreçam a visualização e a manipulação, dando mais elementos para a compreensão dos conceitos geométricos. Podem ser utilizados para introduzir um assunto, desenvolver ou mesmo proporcionar uma agilidade de cálculo, também de uso prático de um conhecimento adquirido. O mesmo pode ser dito em relação aos *softwares* e *sites* que podem ser consultados para o estudo de medidas e formas, utilizando para isso o celular ou uma sala de informática. No entanto, é preciso observar que são eles materiais de apoio.

> O professor não pode subjugar sua metodologia de ensino a algum tipo de material porque ele é atraente ou lúdico. Nenhum material é válido por si só. Os materiais e seu

emprego sempre devem estar em segundo plano. A simples introdução de jogos ou atividades no ensino da matemática não garante uma melhor aprendizagem dessa disciplina (Fiorentini; Morim, 1990, p. 6).

O livro didático é um recurso excepcional, diferenciando-se por reunir em um mesmo objeto informações, visualizações e atividades, estando ele cada vez mais rico em apresentações variadas. Além disso, o livro didático oferece ao estudante uma visão mais geral dos assuntos a serem tratados, proporcionando a percepção do programa de ensino e da própria matemática, além de favorecer sua iniciativa individual.

Para o(a) professor(a) da educação básica, o Programa Nacional do Livro Didático (PNLD), do Ministério da Educação, oferece informações e uma análise prévia dos livros didáticos disponíveis no período, proporcionando aos professores a escolha daquele que melhor se adapte à sua proposta de ensino[7].

Lembramos aqui que, recentemente, há algumas escolas que estão criando um Laboratório de Ensino de Matemática (LEM). O LEM, além de ser um espaço para a guarda de materiais didáticos diversos, tem sido concebido como um tempo-espaço na proposta de ensino onde se realizam experimentações, visualizações, construções e verificações de conhecimentos. Tem sido também esse espaço dedicado à formação docente em serviço, na medida em que a própria preparação de aulas que ali se desenvolvem requer estudos. Para o uso do LEM no ensino fundamental, Renata Oliveira (2017) chama a atenção para a possibilidade de ele ser utilizado como tempo-espaço de crianças e adolescentes, envolvendo professores de todas as áreas, sempre naquelas ações e atividades que possam requerer um conhecimento matemático. A autora ressalta, ainda, a necessidade de o LEM ser parte do projeto institucional da escola, de modo que seja assumido pelo corpo docente e possa constar nos horários e espaços ali existentes.

Destacamos algumas metodologias de ensino que podem ser consideradas importantes referências para o trabalho docente: a resolução de problemas, a investigação, os projetos de trabalho na escola e a modelagem matemática. Todas essas propostas podem utilizar materiais didáticos materiais e virtuais; logo, as metodologias que aqui discutimos podem se articular de modos variados, não são estanques, mas se relacionam.

### 3.4.1. A resolução de problemas

A matemática pode ser uma importante ferramenta para se conhecer e descrever a realidade. Por outro lado, os problemas que surgem no cotidiano têm sido uma das fontes da produção de conhecimento matemático ao longo da história. Dessa forma, colocar o educando diante de situações reais que despertem a sua curiosidade e interesse e propiciem que ele produza conhecimento matemático é um dos objetivos da resolução de problemas. Com um problema a ser resolvido, o(a) estudante é colocado(a) diante de uma situação e induzido a refletir sobre ela, levando-o a buscar alternativas e possibilidades de resolução. Segundo George Polya (1995):

> Um professor de Matemática tem, assim, uma grande oportunidade. Se ele preenche o tempo que lhe é concedido a exercitar seus alunos em operações rotineiras, aniquila o interesse e tolhe os desenvolvimentos intelectuais dos estudantes, desperdiçando, dessa maneira, a sua oportunidade. Mas se ele desafia a curiosidade dos alunos, apresentando-lhes problemas compatíveis com os conhecimentos destes e auxiliando-os por meio de indagações estimulantes, poderá incutir-lhes o gosto pelo raciocínio independente e proporcionar-lhes certos meios para alcançar este objetivo (Polya, 1995, p. V).

Longo e Conti (2017) consideram a resolução de problemas uma metodologia que favorece muito o ensino de matemática, pois "existem alguns (problemas) com uma única solução, outros com mais de uma solução, outros, ainda, sem solução; problemas de lógica; de quebra-cabeça; exercícios" (p. 15). Com essa diversidade e riqueza de possibilidades, pode-se enriquecer o repertório de estratégia dos alunos para enfrentar situações cotidianas. Lupinacci e Botim reforçam essa perspectiva, para eles

> A Resolução de Problemas é um método eficaz para desenvolver o raciocínio e para motivar os alunos para o estudo da Matemática. O processo ensino e aprendizagem pode ser desenvolvido através de desafios, problemas interessantes que possam ser explorados e não apenas resolvidos (Lupinacci; Botim, 2004, p. 1).

A proposição de problemas para o ensino de Matemática requer cuidados, pois não quer dizer se restringir a utilizar os problemas-padrões, os problemas apresentados devem ter sentido para os estudantes, de preferência devem estar referenciados em temas da vida comunitária local, que envolvam situações do cotidiano dos estudantes, que despertem a curiosidade, problemas sobre temas da vida social. A atuação docente também merece cuidado, deixando que a turma trabalhe em duplas ou grupos e construa suas soluções.

> O problema proposto deve ser interessante, ter vocabulário adequado, deve estar de acordo com o nível da turma, sem deixar de causar certo desequilíbrio nos resolvedores de tal forma que eles tenham que planejar estratégias para resolvê-lo, usando o que já sabem e fazendo novas aprendizagens. Em contrapartida, o professor deve estimular nos alunos a persistência, elogiar os esforços, dar oportunidade a todos de serem bem sucedidos. É tarefa do professor deixar os alunos criarem seus próprios problemas e estratégias de resolução, sempre discutindo todas as possibilidades de raciocínio e, também, encorajar os seus alunos a encontrar mais de uma estratégia para resolver o problema (Lupinacci; Botim, 2004, p. 4).

A metodologia de aulas de matemática com resolução de problemas ficará mais bem situada e poderá oferecer maiores frutos se for uma prática constante. Com a turma em grupos (os grupos podem ser fixos ou formados com critérios estabelecidos pelo(a) professor(a) ou mesmo pelos alunos), introduzindo um assunto e ampliando o conhecimento numa sequência adequada, com apresentação e discussão de soluções diferenciadas a partir da escuta dos(as) próprios(as) alunos(as), com o registro adequado feito pelo(a) professor(a), para sistematizar o conhecimento ali existente e apresentá-lo numa linguagem e organização próprias da Matemática.

### 3.4.2. A investigação

A investigação é uma possibilidade de ensino de matemática que pode ocorrer de diversas maneiras, mas essencialmente trata-se de desafiar os alunos a fazerem uma busca em fontes diversas para compreender um tema, um problema, uma questão ou mesmo para resolver uma situação específica colocada.

A investigação no ensino tem sido muito valorizada por vários professores e estudiosos e pode vir ao encontro de uma perspectiva de ensino mais prazerosa e instigante. Ponte, Brocardo e Oliveira (2003, p. 9) recomendam a investigação na aula de matemática como uma proposta interessante de ensino, mas não se trata de propor situações-problema difíceis, mas de "trabalhar com questões que nos interpelam e que se apresentam no início de modo confuso, mas que procuramos clarificar e estudar de modo organizado".

Para os matemáticos profissionais, segundo Ponte, Brocardo e Oliveira (2003, p. 13), "investigar é descobrir relações entre objetos matemáticos conhecidos ou desconhecidos, procurando identificar as respectivas propriedades". No ensino as investigações dos estudantes, que podem trabalhar de modo individual, em duplas ou grupos, terão de enfrentar "situações mais abertas – a questão não está bem definida no início, cabendo a quem investiga um papel fundamental na sua definição" (Ponte; Brocado; Oliveira, 2003, p. 23).

> Uma atividade de investigação desenvolve-se habitualmente em três fases (numa aula ou conjunto de aulas): (i) introdução da tarefa, em que o professor faz a proposta à turma, oralmente ou por escrito, (ii) realização da investigação, individualmente, aos pares, em pequenos grupos ou com toda a turma, e (iii) discussão dos resultados, em que os alunos relatam aos colegas o trabalho realizado (Ponte; Brocado; Oliveira, 2003, p. 25).

As atividades de investigação podem envolver práticas inter e transdisciplinares. Akiko Santos (2010) destaca o avanço do conhecimento, o mundo globalizado e as tecnologias contrapondo-se a "princípios cartesianos de fragmentação do conhecimento e dicotomia das dualidades", buscando outras formas de pensar (p. 71). Práticas inter e transdisciplinares, entendidas como o estudo de temas, problemas ou questões de interesse, geralmente na forma de investigação, proporcionam aprendizagens mais integradas e próximas da realidade, favorecendo uma visão mais clara do mundo e dos seres sociais.

No entendimento de Zaidan (2019), a perspectiva transdisciplinar no ensino pode ser assim definida

> [...] trata-se do estudo investigativo de temas, ou problemas, ou questões, que expressem interesses de agrupamentos de educandos, ou mesmo propostos por educadores por demanda de entendimento de um coletivo, sempre considerando o contexto em que essa prática formativa se insere, seus aspectos particulares e gerais. Os conhecimentos disciplinares são essenciais, a matemática em particular, oferecendo possibilidades de manuseio de dados, de organização

e análise, enfim, de tratamento visando à compreensão da questão em foco (Zaidan, 2019, p. 513).

### 3.4.3. Os projetos de trabalho na escola

Uma proposta pedagógica que utiliza a investigação como base é a realização de projetos investigativos (também denominados por projetos de trabalho) que se inserem na perspectiva da Pedagogia de Projetos. Essa visão de ensino e formação nasce nas ideias de John Dewey, nos EUA, no século passado, propondo pensar a educação como um processo que faz parte da vida, para além da preparação para o futuro.

Fernando Hernández (1999) questiona o currículo escolar organizado em disciplinas estanques, propõe os "projetos de trabalho", uma proposta que expressa a pedagogia de projetos. Um projeto de trabalho pode ser assim definido: uma proposta de investigação sobre um tema, um problema ou uma questão de interesse, realizada coletivamente como atividade de estudo. O tema de estudo pode ser escolhido pelos(as) alunos(as) ou indicado pelo(a) professor(a). Um projeto tem uma interrogação, uma motivação inicial que favorece o desencadeamento da investigação, de modo que pode ser algo mais curto e rápido ou pode ser uma atividade mais longa; deve, ao final, responder o questionamento feito inicialmente.

O trabalho docente na sala de aula com um projeto investigativo deve ser flexível, tem como pergunta inicial uma questão-chave, seguida de um planejamento construído coletivamente por toda a turma ou por grupos, definindo os materiais necessários e as ações que podem levar à compreensão e/ou solução da questão inicialmente colocada.

Logo, um projeto investigativo é uma atividade intencional, inicia-se com uma interrogação, segue-se um planejamento e o desenvolvimento das ações planejadas, confluindo necessariamente numa finalização com respostas ou mesmo com um produto, que pode ser avaliado também coletivamente ao final.

Costuma-se pensar a organização de um projeto investigativo com:

- Problematização (a escolha de um tema ou questão que desafia; apresentação coletiva de ideias do que já se sabe sobre o tema ou questão, as alternativas de seu estudo, hipóteses, confluindo na elaboração de um plano de trabalho).

- Desenvolvimento (é a fase de desdobramentos das ações planejadas, em duplas ou grupos, podendo-se recorrer a buscas em fontes virtuais, entrevistas, visitas, consultas, sínteses escritas, desenho, pinturas, com debates entre os participantes ou com convidados).
- Síntese (trata-se do fechamento do projeto, em busca das conclusões em relação às questões inicialmente colocadas que, uma vez sistematizadas sob diversos formatos, expressam o trabalho realizado e podem ser apresentadas aos participantes e a outras turmas).

Nessa perspectiva, os projetos investigativos proporcionam inovação no sentido da valorização da curiosidade, das ideias já existentes e de novas ideias, da reflexão compartilhada mesmo que em temas controversos onde opiniões são apenas sistematizadas sem necessidade de serem unificadas, proporcionando o desenvolvimento da capacidade de análise e síntese. Favorece enormemente aos estudantes o desenvolvimento da escrita, da fala, do tratamento de informações, da ação conjunta e da capacidade de elaboração de planos.

O professor tem papel essencial na condução geral da proposta, orientando, esclarecendo dúvidas, promovendo a participação de todos[8] e guiando para uma síntese final, onde os conhecimentos mobilizados sejam reconhecidos.

### 3.4.4. Modelagem matemática

A modelagem matemática pode ser vista como uma perspectiva de ensino, definida por Jussara de Loiola Araújo (2012, p. 840): "Levando em conta sua origem na matemática aplicada, modelagem matemática pode ser entendida como o uso de modelos matemáticos para resolver problemas que têm origem em situações da realidade."

Jussara Araújo nos situa no tema explicando que se trata de uma proposta vista sob vários pontos de vista, não necessariamente confluentes, e cita que em sua prática propõe aos licenciandos a escolha de um tema de seus interesses, bem como os problemas que a ele se vinculam, em uma abordagem que envolva a matemática. Ela toma como base a teoria da "educação matemática crítica", que propõe que o educando perceba a realidade criticamente e busque atuar para transformá-la (citando Paulo Freire, Ubiratan D'Ambrosio, Ole Skovsmose).

Pautando em Ole Skovsmose (1994), Jussara Araújo explica que a "educação matemática crítica" propõe o conceito de *matemacia*, para o qual o objetivo do ensino vai além do desenvolvimento das habilidades de cálculo, "mas, também, de promover a participação crítica dos estudantes/cidadãos na sociedade, discutindo questões políticas, econômicas, ambientais, nas quais a matemática serve como suporte tecnológico." (Araújo, 2012, p. 843) Desse modo, descreve em sua prática a modelagem matemática que se desenvolve em um "ambiente de aprendizagem" onde se dá o estudo de um problema da realidade, utilizando a matemática para compreendê-lo e problematizá-lo.

Por essas ideias, pode-se propor como atividade uma situação-problema que envolve a vida da comunidade escolar ou mesmo da cidade ou do país; pode-se discutir e abordar possibilidades de solução, utilizando conhecimentos matemáticos e buscando modelos que possam atuar de modo favorável, chegando a uma ou mais soluções do problema inicialmente colocado.

Ilaine Campos (2019) descreve e analisa uma pesquisa quando propõe a uma turma de alunos de 3.º ano de ensino técnico integrado ao ensino médio, de uma instituição federal de educação, desenvolver uma atividade de modelagem matemática, com vistas a discutir a experiência e, em particular, as relações que ali se estabeleciam. O debate na turma confluiu na escolha do seguinte problema: a viabilidade de produção de energia solar na própria instituição em que estudavam. Foi organizada a investigação diante do problema colocado, levantados os dados, organizados e analisados os resultados. A experiência mostrou que o tema envolveu alunos e outros profissionais da escola, conhecimentos de áreas como Matemática e Física, ressaltando que foram estabelecidas relações participativas e não hierárquicas (Campos, 2019).

A modelagem matemática pode ser considerada uma proposta de ensino que também tem referência numa ação de trabalho e investigação, mas possui especificidades que nos levam a abordá-la de modo próprio. Essa metodologia de ensino, que também é uma visão da Matemática e de seu ensino, tem como referência essencial o seu uso como ferramenta "cujo manejo e domínio estejam disponíveis para o(a) aluno(a) a fim de que ele possa estudar, entender, formular, resolver e, principalmente, decidir" (Meyer; Caldeira; Malheiros, 2018, p. 26).

## 3.5. O aluno que sabe e não sabe que sabe (sobre sistematização e formalização)

*Muitas vezes tenho que fechar a porta da sala porque vou dar tantas voltas para explicar um conceito da matemática que se alguém passar e escutar vai dizer que não estou dando aula.* Essa frase foi dita, certa vez, por uma professora da

Educação de Jovens e Adultos, quando participava de um grupo de estudos e pesquisa. Na ocasião, discutíamos o ensino de conceitos e a linguagem matemática, como introduzir um assunto, que relações fazer para dar sentido aos conhecimentos.

Há situações de ensino em que o(a) professor(a) precisa, no dizer de D'Ambrosio (1989), "desempacotar" o conceito matemático a ser ensinado, desmontar sua estruturação na forma matemática correta, fazer relações, para que possa ser compreendido. As múltiplas metodologias hoje existentes, as tecnologias, as pesquisas que abordam as dificuldades de aprendizagem, enfim, há muitas possibilidades para se avançar sobre as dificuldades de ensinar e aprender matemática. No entanto, como ensinar conceitos objetivos e abstratos, com linguagem própria, com um tipo de pensamento que também é próprio? Existe uma forma matemática de sua representação e cabe perguntar como chegar a ela.

Um desafio diz respeito à necessidade de diversificar formas de ensino, de estabelecer diálogos mais interativos com professores, alunos, direção, pais e comunidade, adotando formas de ensinar que sejam interessantes, envolventes e compreensíveis para os educandos. O estudo de temas e problemas também proporciona aprendizagem de matemática. Tudo isso se dá com a fortíssima demanda de uso de tecnologias virtuais, como o uso de softwares, a sala de aula invertida, a pesquisa virtual, enfim, da incorporação das tecnologias nas práticas escolares.

Na escola, essa situação se manifesta, por exemplo, em demandas para que os professores promovam conhecimentos relacionados a outros conhecimentos (por exemplo, o estudo de proporções para entender mapas; o uso de números decimais para lidar com dinheiro e estatística ou mesmo o entendimento de funções para resolver problemas diversos de tratamento de informações e outros), a temas da vida social (compras, demarcação de terras, expressões algébricas que podem expressar situações de regularidades, entre outras), a interesses dos alunos. Essa mudança pode contribuir para se responder as clássicas perguntas que os(as) estudantes fazem aos(às) professores(as): para que estou estudando isso? Como vou utilizar isso? Ou seja, qual o sentido dos conhecimentos científicos na escola?

Práticas de aulas dialogadas, de trabalho em duplas e grupos, no espaço da sala de aula ou no espaço ao ar livre ou na biblioteca ou no museu ou no parque, a promoção de investigações sobre temas de interesse, os projetos, a modelagem, as pesquisas, as aulas com resolução de problemas, jogos, *softwares*, atividades diversas, enfim, todos esses procedimentos estão sendo experimentados mais sistematicamente nas escolas, visando desenvolver a criatividade, desafiar a curiosidade dos estudantes e, principalmente, a sua compreensão.

É muito importante que esse movimento de enriquecimento das aulas na escola torne-as mais prazerosas e eficientes para a compreensão dos conceitos matemáticos. Tais abordagens diversificadas, em certo sentido, desorganizam a forma de escrita do conhecimento matemático, pois deixam de aparecer organizados como listas e algoritmos, numa linguagem formal, numa lógica axiomática que é própria da área. Alguns pesquisadores dizem que essas práticas desdobram o conhecimento ou desempacotam os conhecimentos científicos, o que os torna conhecimentos relacionais, típicos de práticas escolares (D'Ambrosio, 1986; Zaidan, 2001).

Essas práticas são extremamente válidas e têm enriquecido a educação nos últimos anos, com elas buscamos valorizar o conhecimento dos estudantes e de suas comunidades, buscamos relações entre os conhecimentos, favorecemos o estudo de temas de interesse, enfim, podemos promover uma educação que situe os estudantes no seu tempo, seja nas problemáticas, seja nas suas possibilidades de relação. Discutindo o uso da história para enriquecer e dar sentido ao ensino de matemática, Ferreira e outros (1992, p. 6) consideram que a formalização é um processo, ocorre como uma construção da aprendizagem, e é necessário para se compreender de fato conceitos matemáticos, pois "O desenvolvimento do conceito, assim como o pensamento criativo e a aprendizagem, estão intimamente relacionados com o desenvolvimento da linguagem e do discurso".

Uma dificuldade que pode ocorrer é ficar estabelecido um distanciamento muito grande entre o que é estudado e o que é requerido nos currículos oficiais, podendo o(a) profissional se encontrar, muitas vezes, diante da seguinte situação: o(a) aluno(a) sabe e não sabe que sabe; sabe investigar mas não sabe relacionar isso com um conceito científico formal; sabe resolver problemas e situações diversas, mas não sabe identificar o estudo com o formato oficial, com as fórmulas ou mapas ou textos na língua materna oficial, conforme os registros científicos. No caso da matemática, pode ocorrer de o(a) aluno(a) não saber utilizar ou identificar a linguagem própria dessa área e reconhecer a linguagem formal-axiomática como a que estudou.

Ou seja, o(a) aluno(a) sabe, mas não sabe que sabe, porque não sabe comunicar, usando a linguagem escolar, o que sabe ou entende; ou ainda, não sabe identificar o que sabe porque não domina a linguagem própria da matemática que ficou perdida nos diversos "desempacotamentos" feitos. Por exemplo: resolver problemas pelo cálculo mental ou fazendo deduções e não saber montar e expressar a situação com uma equação algébrica; percebe o resultado, mas não sabe escrever como chegou a ele.

Como uma das formas de enfrentar esses desafios na escola está a discussão das sistematizações e formalizações.

A sistematização do conhecimento em uma tarefa escolar, seja ela qual for, pode ser entendida como a realização de um registro sobre o que foi feito, o que se destaca, o que se mostra positivo ou negativo, enfim, o que se aprendeu (ou percebeu ou sentiu ou construiu) a partir da ação em questão. Nesse caso, o registro pode ser aberto e utilizar várias formas, como texto, fotografia, desenho, esquema, resumo ou outra maneira que for mais conveniente. Pode ser guardado em caderno, folha, pen drive, HD, drive ou em outro arquivo virtual. Pode ser arquivado em pasta, na própria sala de aula, como registro coletivo. No caso da aula de matemática, é importante que o(a) estudante venha a utilizar e reconhecer a linguagem própria dessa área.

Por exemplo, o(a) estudante pode fazer cálculo mental ou outro tipo qualquer de cálculo, escrever sob diversas formas o seu raciocínio, até que, com o registro e a sistematização do conhecimento matemático que ali está envolvido, possa compreender o assunto tratado. É, muitas vezes, o caso das operações com números. Idem para mapas, fórmulas, textos. A escrita livre, do modo como se fala ou talvez do modo como se fala ou se pensa em sua família, ou em sua profissão se já for trabalhador. Esta prática valoriza o conhecimento que o(a) aluno(a) possui, podendo ser um caminho para se ir construindo a capacidade de lidar com a escrita, de expressar suas ideias, de adquirir capacidade de operar com os diversos campos numéricos.

De todo modo, a sistematização do conhecimento tem por objetivo um registro para que seja lembrado, para que se possa ter um "distanciamento" pós-ação para "ver" o ocorrido e para que se tome consciência do aprendido (ou vivenciado ou percebido ou sentido).

A formalização do conhecimento matemático tem um papel de aquisição, pode ocorrer diretamente após uma atividade ou a partir de um conjunto de sistematizações, mas aqui a linguagem utilizada precisa se identificar com a norma oficial matemática. Necessariamente, no que aqui denominamos por formalização, implica a utilização e reconhecimento de uma linguagem em registro que se identifique com a linguagem e registro formal, oficial, científico, matemático. Assim, estão colocados a língua na norma culta, os preceitos e conceitos básicos de cada área de conhecimento. No caso da matemática, a formalização implica o uso do raciocínio e da linguagem própria, por exemplo, com os algoritmos oficiais nas operações com os campos numéricos ou na construção de equações e fórmulas.

Intencionalmente, a sucessão de registros nas sistematizações propostas pelo(a) professor(a) pode favorecer as futuras formalizações matemáticas. Muitas vezes, ao realizar um ensino baseado em investigações, jogos, oficinas e/ou percepções, os educandos vão observando e percebendo situações envolvendo as ciências biológicas, sociais e exatas, podendo registrá-las e considerá-las. Uma sistematização dessas observações e suas regularidades ou contornos visíveis a olho nu podem não refletir exatamente o que a ciência já formalizou como conhecimento científico; podemos tratar, então, os registros sistematizados como passos que possam vir a favorecer um entendimento científico já formalizado. O raciocínio algébrico, outro exemplo, desde o início da escolarização, pode favorecer o entendimento da álgebra mediante sucessivas sistematizações e formalização.

Desse modo, podemos separar as sistematizações das formalizações, sendo a primeira um modo mais aberto e com múltiplas linguagens de guardar informações, proporcionar novos pensamentos e identificar aprendizagens (sentimentos, percepções etc.), e a segunda o reconhecimento do registro formal (é quando o(a) estudante sabe que sabe porque consegue vincular o aprendido com o seu registro formal e oficial, quando o(a) estudante sabe comunicar o aprendido, no caso da matemática, na linguagem formal).

A importância de os(as) estudantes identificarem e atingirem uma organização formal do conhecimento, ainda que não seja a mais utilizada na atividade em questão, está no reconhecimento e identificação por ele daquele assunto-conteúdo-forma-fórmula-desenho, como conhecimento científico.

Do ponto de vista social, profissional e, até mesmo, para o sucesso em testes, é preciso que a estudante saiba reconhecer um mapa, uma fórmula, um procedimento, um texto, tudo isso na linguagem tida como científica. Só assim a estudante conseguirá se comunicar socialmente, seja fazendo testes, seja no exercício de atividade profissional ou outro tipo de atividade.

Desse modo, conhecer e saber na escolarização e na sociedade em geral, implica a apropriação da linguagem e um raciocínio próprio de cada área de conhecimento, podendo ser abstrato e generalizável, com regras e enunciados, com visões diferenciadas historicamente, mas com sua lógica própria. Nessa visão, são válidas formas sociais diversas de conceber o conhecimento, seja ele tido como conhecimento popular ou conhecimento social do cotidiano, mas na escolarização é preciso também conhecer o conhecimento formal e socialmente reconhecido como conhecimento científico.

O que se coloca para nós, educadores e educadoras, é a necessidade de conceber um desenvolvimento do conhecimento escolar na educação básica, de maneira que, nos níveis mais fundamentais da formação de crianças e adolescentes, ou quando se introduz um assunto novo, pode aparecer de modo mais disperso e relacional, mas necessariamente sistematizado. Uma formalização nos moldes do conhecimento científico matemático poderia ir sendo proposta e construída pelo(a) docente, entendida pelo(a) aluno(a), se tratada ao longo de anos, colocando-se objetivamente como possível, em alguma medida, no nível de ensino médio, e prontamente no nível superior, quando há uma formação do profissional (David, 1995). Assim, a formalização do conhecimento, que se mostra organizado e reconhecido no seu formato oficial, curricular, pode vir a ser alcançada mediante processos de sistematização.

### 3.6. Uma atenção especial à relação professor(a)-aluno(a)

A relação professor-aluno é central na docência, pois é por meio dela que a ação formativa se desenvolve. Na sociedade democrática, onde o direito dos sujeitos sociais está estabelecido, a educação escolar conforma, exigindo sempre os diálogos, os combinados e o respeito mútuo. Esta é uma questão importante no ensino de matemática, temos tido historicamente uma disseminação da ideia do professor de matemática exigente e autoritário.

Pode-se observar que as interações da relação professor-aluno podem ser mais diretivas e mais normativas, tendo, como decorrência, menos diálogos e interações, levando a uma prática centrada no(a) professor(a). A exacerbação desse tipo de relação pode levar a que se tenha uma prática impositiva e autoritária do docente. De modo oposto, se o(a) professor(a) estabelecer uma relação pouco diretiva, espontânea, sua aula poderá ser desorganizada e servirá pouco para orientar os estudantes.

Uma relação professor-aluno que se pretende formadora precisa se pautar pela diretividade e colaboração, ao mesmo tempo, reconhecendo o papel de coordenação do docente e de participação dos discentes, num diálogo permanente.

Teixeira (2007) entende como "fundante" a relação docente-discente, na compreensão que é nela que o docente se constitui:

> [...] uma relação entre sujeitos socioculturais, imersos em distintos universos de historicidade e cultura, implicados em enredos individuais e coletivos. Trata-se, sobretudo, de sujeitos cuja condição de existência, cuja origem primeira está na corporeidade que se inscreve, por sua vez, nas temporalidades do transcurso da existência humana, em rítmicas da vida bio-psico-social e nos ciclos vitais (Teixeira, 2007, p. 430).

Um aspecto importante da relação professor-aluno é geracional, pois sempre estarão em convívio gerações diferentes; com o passar dos anos, o docente irá amadurecer e o seu aluno sempre se mantém. Se adolescente ou jovem, proporcionará um encontro de gerações ainda mais diferenciado.

> [...] na docência estão presentes o passado, o presente e o futuro, na esperança que aporta no devir da vida, em sua floração na infância, no adolescente, no jovem, para o qual o conhecimento, trazido ao ato pedagógico, é relevante (Teixeira, 2007, p. 431).

Em outro estudo, Eduardo Mortimer contempla as relações na atividade docente e afirma que a sala de aula

> É o espaço no qual se dá a interação entre a professora e seus alunos. A professora atua como mediadora das relações que os alunos estabelecem com o conhecimento. Uma sala de aula funciona sempre guiada por um contrato implícito entre professora e alunos, chamado contrato didático. Esse contrato estabelece a maior ou menor assimetria entre professora e aluno. Por exemplo, se a professora unicamente valoriza as respostas corretas dos alunos às suas perguntas, os alunos logo descobrirão que só devem falar quando têm certeza da resposta. Se, ao contrário, ela valoriza a participação dos alunos quando eles expõem seus pontos de vista, estes falarão independente de terem certeza da resposta (Mortimer, Verbete, 2010).

Seus estudos levaram à percepção de relações existentes na sala de aula e à elaboração de um conjunto de categorias sobre as diferentes situações observadas. São elas:

> 1 – Interativa e dialógica, que incluem situações em que a professora explora as concepções dos alunos, verifica os seus entendimentos, encoraja a apresentação de hipóteses por

parte dos alunos; 2 – Interativa e de autoridade, que inclui as interações triádicas do tipo IRA e todas as situações em que a professora verifica o conhecimento dos estudantes, checa o seu entendimento; 3 – Não-interativa e de autoridade, que inclui as diversas modalidades de exposições e apresentações do conteúdo disciplinar pela professora; e 4 – Não-interativa e dialógica, que incluem a revisões da matéria pela professora, na qual ele expõe diferentes pontos de vista que circularam na sala de aula até então (Mortimer, Verbete, 2010).

A relação professor-aluno está necessariamente presente todo o tempo da prática de ensino e é importante que seja pensado: quem são os meus alunos? Observar sua idade de formação, buscando compreender as especificidades de cada uma, como os adolescentes, os jovens e os adultos.

Um aspecto importante a considerar aqui são as representações que os professores possuem em relação a seus alunos, pois a partir delas também se estabelecem as relações na sala de aula e, no geral, na escola. Alda Judith Alvez-Mazzotti (2010) situa que há poucos estudos a este respeito e os existentes vão focalizar uma visão negativa dos docentes dos alunos de ensino fundamental das redes públicas. Estes são considerados "retratados como pobres, sem apoio da família, carentes de tudo, desinteressados, deseducados, sem limites, com déficits cognitivos, sem base para a aprendizagem" e o mesmo pensamento se estende às suas famílias (Mazzotti, 2010, Verbete).

Esse pensamento do docente leva a que se tenha baixa expectativa em relação ao seu desenvolvimento e aprendizagem, situação atribuída à sua origem de classe social pobre. Também leva a que o(a) professor(a) tenha uma prática com frustrações, impelido que está, diante de suas representações, a não investir por não acreditar em alternativas de ação de ensino.

# Capítulo 4

# TECNOLOGIAS E EDUCAÇÃO MATEMÁTICA: A UTILIZAÇÃO DAS TECNOLOGIAS NAS AULAS DE MATEMÁTICA NA EDUCAÇÃO BÁSICA

Apresentamos neste capítulo algumas questões relativas às tecnologias de ensino na educação matemática, tratadas como um conjunto de elementos que ampliam as possibilidades de ensino e favorecem ainda mais as aprendizagens.

## 4.1. Introduzindo a temática

A utilização das tecnologias no ambiente escolar não é um assunto recente. Nas últimas décadas, governos e instituições educacionais, assim como as famílias, têm se empenhado na implementação de diferentes recursos tecnológicos no cotidiano de estudantes de todo o mundo. Tais ferramentas não se limitam a uma ou outra disciplina. Tornaram-se importantes dispositivos incorporados, de formas diversas, ao fazer pedagógico de professores(as) dos diferentes níveis de educação, que se empenham, cada vez mais, em buscar novas alternativas para o processo de ensino e de aprendizagem (Bittar, 2000; Bittar; Guimarães; Vasconcellos, 2008; Brandão, 2005).

Ao buscar elucidar o lugar promissor que as tecnologias podem ocupar na educação de crianças e jovens no interior das escolas, torna-se necessário, de antemão, compreender do que estamos falando quando se trata de "tecnologia". Sabemos que o termo em questão é de uso corrente e, por isso, as possibilidades de compreensão sobre ele são múltiplas. No âmbito da pesquisa em Educação, há estudos consistentes que buscam tecer considerações acerca do que são as tecnologias e como podem participar do processo de ensino-aprendizagem.

De modo mais direcionado à escola, Moran (2003) assinala que as tecnologias podem ser tratadas de modo amplo, correspondendo a dispositivos propriamente ditos, a formas de se trabalhar ou até mesmo de se comportar no exercício da prática pedagógica:

> Tecnologias são os meios, os apoios, as ferramentas que utilizamos para que os alunos aprendam. A forma como os organizamos em grupos, em salas, em outros espaços, isso também é tecnologia. O giz que escreve na lousa é tecnologia de comunicação e uma boa organização da escrita facilita e muito a aprendizagem. A forma de olhar, de gesticular, de falar com os outros, isso também é tecnologia (Moran, 2003, p. 2).

O autor ainda argumenta que mesmo se tratando de tecnologias comuns ao cotidiano escolar, há uma dificuldade em saber operá-las e extrair delas as diferentes possibilidades de contribuição para os alunos. Nessa direção, Moran (2003) cita como exemplos livros, vídeos, gravadores, projetores, dentre outros, argumentando que "são tecnologias fundamentais para a gestão e para a aprendizagem" e que "ainda não sabemos utilizá-las adequadamente" (Moran, 2003, p. 2).

O movimento do autor de considerar artefatos e habilidades cotidianas como tecnologias em potencial para o ambiente escolar, parece caminhar ao encontro do que propõe Vani Moreira Kenski (2007) sobre tais ferramentas. Nesse sentido, para Kenski (2007), pode-se considerar que tanto as tecnologias quanto a relação que com elas se estabelece "são tão antigas quanto a espécie humana" (p. 15). Ainda de acordo com sua argumentação, a capacidade de dominar algumas dessas ferramentas e de construir compreensão sobre determinadas informações, caracteriza-se, inclusive, como aspectos de distinção dos seres humanos. Além disso, cabe pontuar que a combinação dessas duas questões reverberava diretamente nas condições de sobrevivência dos indivíduos:

> Na Idade da Pedra, os homens – que eram frágeis fisicamente diante dos outros animais e das manifestações da natureza – conseguiram garantir a sobrevivência da espécie e sua supremacia, pela engenhosidade e astúcia com que dominavam o uso dos elementos da natureza. A água, o fogo, um pedaço de pau ou o osso de um animal eram utilizados para matar, dominar ou afugentar os animais e outros homens que não tinham os mesmos conhecimentos e habilidades (Kenski, 2007, p. 15).

Certamente que a transformação da sociedade se tornou fator condicionante para a criação de novas tecnologias, buscando, como princípio, atender às necessidades dos sujeitos em cada tempo histórico e em diferentes espaços. O advento da modernidade, com uma intensa mudança nas dinâmicas sociais, nos processos de produção do conhecimento e da ciência e na organização econômica, fez emergir não somente novas tecnologias, mas também novos modos de compreendê-las e com elas operar. Desse modo, e assim como afirma Kenski (2007), as tecnologias se caracterizam por um "conjunto de conhecimentos e princípios científicos que se aplicam ao planejamento, à construção e à utilização de um equipamento em um determinado tipo de atividade" (p. 24). É possível considerar, assim, que sua construção e utilização não dizem respeito somente aos dispositivos materiais, mas também ao conhecimento, a aquisição de habilidades e informações para que se possa planejá-los, construí-los e operar com eles.

Em outra perspectiva, Pierre Lévy (1998) produz uma classificação diferente a respeito das tecnologias. O autor aborda a noção de "tecnologias da inteligência", ou "tecnologias intelectuais", aquelas que se relacionam com a escrita, a linguagem oral e a informática. Em sua argumentação, todo conhecimento relaciona-se intimamente com o uso dessas tecnologias específicas. Assim, pode-se pensar que para acessar todo tipo de conhecimento é necessário, de antemão, uma atuação mediadora de tecnologias da inteligência, já que são capazes de produzir condições variáveis para o pensar e o aprender dos sujeitos, não se tratando, portanto, de meras extensões.

Como recursos amplamente difundidos em nossa sociedade e cultura, é possível dizer que as tecnologias são capazes de contribuir de modo significativo com os mais diferentes processos educacionais, construindo novas "maneiras de fazer" na dinâmica desses processos. Neste lugar, devem ser tomadas como uma ferramenta, uma possibilidade, uma perspectiva de trabalho e não como uma técnica apenas, como algo que apresenta um fim em si mesmo. Pensar as tecnologias a partir de uma noção mais ampla parece permitir aos(às) educadores(as) que a elas recorrem a construção de uma relação mais plural e criativa durante suas propostas de ensino.

Em uma direção complementar, atentar para os modos e condições de apropriação dessas tecnologias realizadas pelos(as) estudantes também se caracteriza como fator de relevância na construção de práticas pedagógicas que buscam incorporar essas ferramentas. Não basta apenas a possibilidade de dispor de tais tecnologias e utilizá-las. Torna-se necessário que os(as) docentes acompanhem de maneira mais próxima como tais ferramentas são apropriadas por seus(suas) alunos(as), inclusive no que se refere à dimensão social de seus usos. Assim, é preciso acompanhar o modo como os(as) estudantes constroem seu domínio técnico e cognitivo em relação à tecnologia apresentada e integram efetivamente essas ferramentas em sua prática de aprendizado. Além disso, ressalta-se a importância de permitir que o(a) estudante utilize repetidamente os recursos propostos, para que ele possa transcender a ferramenta naquela atividade específica, abrindo possibilidades de criação para utilização em outras práticas[9].

Ao considerarmos as perspectivas apresentadas por Moran, Kenski e Lévy sobre as tecnologias, cabe ressaltar a amplitude do conceito no qual nos inspiramos para a proposta deste trabalho. Somada a essa compreensão sobre o termo, buscou-se aqui uma aproximação com a noção de "tecnologias digitais", apresentada por Borba, Silva e Gadanidis (2014), ao se referirem ao uso de tecnologias atuais, como computadores, celulares e dispositivos comumente utilizados no cotidiano. A compreensão do potencial de utilização dessas tecnologias nas aulas de matemática é tomada como objetivo central deste texto. E, para tal, alguns caminhos possíveis serão aqui apresentados.

## 4.2. O uso de tecnologias na educação matemática

Relatos de experiências de diversos docentes têm mostrado que a utilização de tecnologias nas aulas de matemática pode alcançar significativos benefícios no processo de aprendizado dos(as) estudantes, dos diferentes níveis escolares. A incorporação de determinadas ferramentas nas práticas pedagógicas dos(as) professores(as) acaba proporcionando aos(às) seus(suas) alunos(as) novos modos de se relacionar com os conteúdos ensinados, despertando, inclusive, um maior interesse deles. O uso dessas tecnologias parece favorecer um olhar e um trato menos rígido e mais dinâmico dos conteúdos, levando, muitas vezes, a um processo de aprendizagem mais lúdico, mais interessante ou até mesmo diferente das típicas aulas de matemática. Assim, por meio das tecnologias, que, em geral, lhe são familiares, o estudante pode construir uma relação mais "amigável" com o conteúdo, mais próxima, menos resistente, o que, muitas vezes, torna-a também mais significativa.

Ao considerarmos aqui as tecnologias voltadas às práticas de ensino de Matemática, propósito central da discussão aqui proposta, as compreendemos como toda ferramenta que se possa utilizar, no sentido pedagógico, para auxiliar no processo de ensino e de aprendizagem dos conteúdos da disciplina. Nessa perspectiva, tanto os materiais concretos, os jogos, o ábaco e materiais lúdicos/pedagógicos diversos, quanto dispositivos digitais, programas de computador e até mesmo a tradicional calculadora, podem assumir esse lugar de uma tecnologia a ser utilizada nas aulas de matemática. Neste texto, uma maior atenção será conferida às possibilidades de trabalho que são comumente denominadas de tecnologias digitais.

Em pesquisas que abordam o papel que as "novas tecnologias" e as tecnologias de informação e comunicação (TICs) são capazes de desempenhar, tanto na educação matemática quanto nas prescrições curriculares oficiais de diversos países, é possível identificar a partir dos argumentos mais recorrentes duas concepções distintas sobre a temática. A primeira delas, que é nomeada como "consumir tecnologia", é fundamentalmente construída a partir da ideia de que as novas tecnologias e as TICs constituem-se como recursos poderosos para ensinar e aprender matemática. Já a segunda concepção, que é tratada sob o termo de "incorporar tecnologia", é sustentada pelo argumento central de que, ao dominarem as novas tecnologias e as TICs, transformando-as em ferramentas e instrumentos cognitivos, professores e educandos mudam a forma de fazer matemática e mudam a forma de pensar matematicamente. Algumas das visões subjacentes a essa concepção avançam ao afirmar que as novas tecnologias e as TICs mudam a própria matemática que se ensina, se faz e se aprende.

Junto a essas duas concepções, acrescenta-se uma terceira, pouco abordada na literatura da área, a qual se denomina de "matematizando a tecnologia". Tal proposta está relacionada com as ideias de que as tecnologias e as TICs podem desempenhar os papéis de recurso de ensino e de aprendizagem, bem como de ferramenta e de instrumento de pensar. Além disso, tornam-se fontes de renovação de abordagens curriculares de temas consagrados na educação matemática básica e universitária, bem como fontes de novas temáticas para o currículo de matemática (Frota; Borges, 2004).

Cabe pontuar que a utilização das tecnologias nas aulas de matemática apresenta-se como mais um recurso possível dentro do fazer pedagógico dos professores. Ainda que possamos considerar seu uso como uma ferramenta promissora de organização e construção de conhecimento, que pode gerar bons resultados no processo de ensino-aprendizagem, não se trata de uma possibilidade que se sustente de forma autônoma nesse processo. As tecnologias, assim como outros recursos didáticos, devem ser combinadas à um conjunto de procedimentos e ideias que, de modo conjunto e complementar, poderão proporcionar aos alunos uma melhor experiência de aprendizagem. Ou seja, por si sós, não são capazes de garantir que os estudantes apreendam os conhecimentos desenvolvidos em aula.

Contudo, por sua inserção cotidiana na vida dos(as) alunos(as) e pela capacidade de reter sua atenção, tais tecnologias acabam favorecendo um maior envolvimento com as questões colocadas em sala de aula, se mostrando, assim, um recurso com grande potencialidade para a educação matemática na atualidade. Desse modo, é fundamental que aqueles(as) que se encontram em processo de formação para a docência em Matemática construam uma relação de trabalho eficiente com tais ferramentas. É importante que tal movimento se faça presente ainda no período de formação inicial desses(as) professores(as), visando a uma integração mais orgânica das tecnologias às práticas pedagógicas desses sujeitos em sua atuação profissional.

Ressalta-se também que esta questão se torna ainda mais relevante se pensarmos que esses(as) docentes muitas vezes serão os(as) mediadores(as) entre seus(suas) alunos(as) e as tecnologias. Nessa direção, faz-se significativo que os(as) estudantes dos cursos de licenciatura possam ir ao encontro da utilização das tecnologias nas aulas de matemática. Entretanto, como argumenta Marcelo Bairral (2013), na formação inicial desses(as) docentes, não basta ter iniciativas de utilização das tecnologias digitais apenas para promover reflexões teóricas sobre sua importância sem uma implicação direta (uso e estudo crítico do/no aprendizado). É necessário que a esses(as) futuros(as) professores(as) seja oferecida uma discussão e reflexão crítica sobre o seu próprio aprendizado tendo essa tecnologia digital como mediadora. Os(as) alunos(as) dos cursos de licenciatura devem ser instigados a refletir sobre o que aprendem quando a tecnologia está presente, e não apenas levados a fazer suposições sobre o que seus estudantes fariam em sala de aula. O autor ainda ressalta que a utilização das tecnologias no processo de formação de novos docentes comporta desafios, mas é capaz de proporcionar significativas inovações e benefícios dentro desse processo:

> As TIC podem ser utilizadas como ferramentas educativas. No entanto, a análise da aprendizagem que pode ocorrer neste cenário é algo desafiante, tanto para professores, como para pesquisadores, pois o estudo do desenvolvimento do conhecimento profissional docente é amplo e complexo. Sendo assim, distintas devem ser as estratégias de ensino e de pesquisa para obter uma gama significativa de informação e fonte de dados sobre o que "pensa, faz e transforma" o futuro professor de matemática (Bairral, 2013, p. 15-16).

Ainda ao abordar essa relação, Bairral (2010) identifica cinco dimensões sobre as tecnologias na educação que estão inter-relacionadas com o processo de formação inicial de professores. O autor as denomina como: dimensão técnica (ferramentas e domínio de procedimentos), cognitivo-discursiva (conceitos e significados), sociocontextual (os artefatos mediadores), afetivo-motivacional (sentimentos e motivações) e comunicativo-colaborativa (formas de participação e de compartilhamento coletivo).

Ao argumentar sobre a dimensão técnica, o pressuposto é de que a inserção da tecnologia, em qualquer atividade, promove (des)equilíbrios e incertezas. Assim, seja qual for a forma de seu uso, deve-se considerar aspectos como motivação, interação e avaliação, vistos como processos imbricados. Nessa dimensão, as tecnologias são entendidas como ferramentas para o professor, que precisa dominar os procedimentos para executá-las e, desse modo, alcançar bons resultados.

Já no que se refere à dimensão sociocontextual, é possível constatar, a partir de um conjunto de pesquisas em educação matemática, que o interesse de investigação e compreensão tem recaído sobre a temática do desenvolvimento do pensamento matemático. Sob perspectivas múltiplas, ao abordar tal temática, interessa o contexto, a atividade constituída, o papel dos interlocutores e os artefatos (cognitivos e tecnológicos) envolvidos na construção do conhecimento. Nessa direção, considera-se que, apesar de a tecnologia contribuir com novas arquiteturas sociocognitivas, ela não deve assumir o papel essencial no aprendizado, não se constituindo, assim, em uma garantia para a aquisição do saber.

Como uma terceira dimensão, o aspecto afetivo-motivacional deve considerar, de acordo com Bairral (2010), a motivação e a predisposição nos indivíduos para o uso das tecnologias digitais, em especial as ferramentas da internet. Essas características devem ser observadas não apenas a partir do desenvolvimento de atividades de caráter pessoal, mas também aquelas relacionadas com as tarefas profissionais. Cabe pontuar que a construção de um ambiente formativo sofisticado, tanto do ponto de vista técnico quanto do ponto de vista da informática, não se caracteriza como fator capaz de garantir a motivação e o aprendizado de qualidade. Entretanto, não se deve negligenciar a necessidade de fomentar a incorporação das ferramentas informáticas nas diferentes instituições de educação, especialmente as públicas, onde as condições são mais precarizadas. Aqui, vale destacar o papel de concepção e implementação de políticas públicas que favoreçam o acesso e utilização dessas tecnologias no processo de ensino-aprendizagem. É necessário reivindicar a rápida aquisição pelos futuros professores de recursos computacionais que atendam às demandas contemporâneas de sua profissão. Da mesma forma, devemos investir no equipamento e na conexão dos estabelecimentos de ensino e na formação (inicial e continuada) de professores para usar a tecnologia informática. No entanto, neste processo de aquisição de equipamentos e de estabelecimento de conexões, deve estar presente a dimensão do letramento, ou seja, a capacidade de apropriação crítica da tecnologia.

Por fim, o autor apresenta a sua argumentação sobre a dimensão comunicativo-colaborativa. Toma como base os estudos socioculturais que assumem que a linguagem e o raciocínio matemático desenvolvem-se simultaneamente em interação social. Inspirando-se em Sfard (2008), destaca que, neste processo, pensar é visto como uma forma individualizada da comunicação interpessoal. Assim, aquilo que foi construído por um sujeito também se constitui como um produto do fazer coletivo (Sfard, 2008). A autora de referência coloca ainda que pensar pode ser interpretado como o tipo de ato humano que emerge quando os indivíduos, ao fazê-lo, tornam-se capazes de comunicar-se com eles mesmos da forma como se comunicam com os outros.

Além desse incentivo à integração do uso das tecnologias na formação de professore(a)s da área, é necessário que os(as) docentes já em exercício possam se qualificar na direção de acolher os usos de tais ferramentas em suas práticas pedagógicas cotidianas. Proporcionar o contato com as tecnologias, instruir sobre suas possibilidades de utilização, desconstruir dificuldades e barreiras para seus usos são ações tão pertinentes quanto o investimento em uma formação inicial.

## 4.3. O uso das tecnologias digitais e o currículo da escola básica

O uso de tecnologias digitais é recente na educação brasileira. Entre outras razões para isso, destacam-se a falta de investimentos e a formação de profissionais. Mesmo assim, pode-se constatar que tem sido contínua nas últimas décadas a introdução de tecnologias digitais nas práticas de ensino e de formação docente, tais como o data show, o celular e o próprio computador com aplicativos diversos.

No que tange ao ensino fundamental, ao apresentar as competências específicas de Matemática, a BNCC (Brasil, 2018a) reconhece se tratar de uma ciência humana, fruto das necessidades e preocupações de diferentes culturas, em diferentes momentos históricos. Expõe ainda ser uma ciência viva, que contribui para solucionar problemas científicos e tecnológicos e para alicerçar descobertas e construções, inclusive com impactos no mundo do trabalho (Brasil, 2018a, p. 267). Para alcançar tais objetivos, argumenta que é necessário utilizar processos e ferramentas matemáticas, inclusive tecnologias digitais disponíveis, para modelar e resolver problemas cotidianos, sociais e de outras áreas de conhecimento, validando estratégias e resultados (Brasil, 2018a, p. 267).

Ao apresentar as unidades temáticas (Números, Álgebra, Geometria, Grandezas e Medidas e Probabilidade e Estatística) do componente curricular de Matemática, a BNCC faz referências à utilização das tecnologias em apenas duas dessas unidades temáticas, a saber: Números e Probabilidade e Estatística.

Ao abordar a unidade temática <u>Números</u>, a BNCC esclarece que os alunos devem dominar algumas habilidades específicas dessa unidade temática, incluindo o uso de tecnologias digitais (Brasil, 2018a, p. 269). Já no caso de Probabilidade e Estatística, a BNCC faz uma referência clara à utilização dessas tecnologias ao afirmar que

> [...] merece destaque o uso de tecnologias – como calculadoras, para avaliar e comparar resultados, e planilhas eletrônicas, que ajudam na construção de gráficos e nos cálculos das medidas de tendência central. A consulta a páginas de institutos de pesquisa – como a do Instituto Brasileiro de Geografia e Estatística (IBGE) – pode oferecer contextos potencialmente ricos não apenas para aprender conceitos e procedimentos estatísticos, mas também para utilizá-los com o intuito de compreender a realidade (Brasil, 2018a, p. 274).

É possível localizar ainda algumas habilidades descritas na BNCC que destacam o uso de tecnologias digitais ao longo do ensino fundamental. Podemos perceber que, mesmo não aprofundando a discussão sobre o uso das tecnologias digitais, elas são citadas em várias habilidades, mas que, em geral, são indicadas apenas como instrumentos que podem ou não ser utilizados, e não como uma ferramenta efetiva para a construção do raciocínio matemático.

- *(EF03MA16) Reconhecer figuras congruentes, usando sobreposição e desenhos em malhas quadriculadas ou triangulares, incluindo o uso de **tecnologias digitais** (Brasil, 2018a, p. 289).*
- *(EF03MA28) Realizar pesquisa envolvendo variáveis categóricas em um universo de até 50 elementos, organizar os dados coletados utilizando listas, tabelas simples ou de dupla entrada e representá-los em gráficos de colunas simples, **com e sem uso de tecnologias digitais** (Brasil, 2018a, p. 289).*

- *(EF04MA28) Realizar pesquisa envolvendo variáveis categóricas e numéricas e organizar dados coletados por meio de tabelas e gráficos de colunas simples ou agrupadas,* **com e sem uso de tecnologias digitais** *(Brasil, 2018a, p. 296).*
- *(EF05MA17) Reconhecer, nomear e comparar polígonos, considerando lados, vértices e ângulos, e desenhá-los,* **utilizando material de desenho ou tecnologias digitais** *(Brasil, 2018a, p. 297).*
- *(EF05MA18) Reconhecer a congruência dos ângulos e a proporcionalidade entre os lados correspondentes de figuras poligonais em situações de ampliação e de redução em malhas quadriculadas e* **usando tecnologias digitais** *(Brasil, 2018a, p. 297).*
- *(EF05MA25) Realizar pesquisa envolvendo variáveis categóricas e numéricas, organizar dados coletados por meio de tabelas, gráficos de colunas, pictóricos e de linhas,* **com e sem uso de tecnologias digitais***, e apresentar texto escrito sobre a finalidade da pesquisa e a síntese dos resultados (Brasil, 2018a, p. 297).*
- *(EF06MA21) Construir figuras planas semelhantes em situações de ampliação e de redução, com o uso de malhas quadriculadas, plano cartesiano ou* **tecnologias digitais** *(Brasil, 2018a, p. 303).*
- *(EF06MA27) Determinar medidas da abertura de ângulos, por meio de transferidor e/ou* **tecnologias digitais** *(Brasil, 2018a, p. 303).*
- *(EF08MA04) Resolver e elaborar problemas, envolvendo cálculo de porcentagens, incluindo o uso de* **tecnologias digitais** *(Brasil, 2018a, p. 313).*
- *(EF08MA09) Resolver e elaborar,* **com e sem uso de tecnologias***, problemas que possam ser representados por equações polinomiais de 2º grau do tipo $ax^2 = b$ (Brasil, 2018a, p. 313).*
- *(EF09MA05) Resolver e elaborar problemas que envolvam porcentagens, com a ideia de aplicação de percentuais sucessivos e a determinação das taxas percentuais, preferencialmente* **com o uso de tecnologias digitais***, no contexto da educação financeira (Brasil, 2018a, p. 317).*

Quando se trata do ensino médio, ao apresentar as dez competências gerais da educação básica, a BNCC (Brasil, 2018b) reconhece, na competência dois, a importância de se exercitar a curiosidade intelectual e recorrer à abordagem própria das ciências. Esse movimento inclui a investigação, a reflexão, a análise crítica, a imaginação e a criatividade, para investigar causas, elaborar e testar hipóteses, formular e resolver problemas e criar soluções (inclusive tecnológicas) com base nos conhecimentos das diferentes áreas (Brasil, 2018b, p. 9). Em seguida, enfatiza na competência cinco que é necessário

> [...] compreender, utilizar e criar tecnologias digitais de informação e comunicação de forma crítica, significativa, reflexiva e ética nas diversas práticas sociais (incluindo as escolares) para se comunicar, acessar e disseminar informações, produzir conhecimentos, resolver problemas e exercer protagonismo e autoria na vida pessoal e coletiva (Brasil, 2018b, p. 9).

Ao tratar das competências específicas da Matemática, o documento expõe que é necessário que o estudante investigue e estabeleça conjecturas a respeito de diferentes conceitos e propriedades matemáticas. Nesse sentido, deve-se empregar recursos e estratégias como observação de padrões, experimentações e <u>tecnologias digitais</u>, identificando a necessidade, ou não, de uma demonstração cada vez mais formal na validação das referidas conjecturas (Brasil, 2018b, p. 523).

A BNCC também apresenta algumas <u>habilidades</u> que destacam o uso de tecnologias digitais ao longo do ensino médio. São elas:

- *(EM13MAT101) Interpretar situações econômicas, sociais e das Ciências da Natureza que envolvem a variação de duas grandezas, pela análise dos gráficos das funções representadas e das taxas de variação com ou sem apoio de **tecnologias digitais** (Brasil, 2018b, p. 525).*

- *(EM13MAT202) Planejar e executar pesquisa amostral usando dados coletados ou de diferentes fontes sobre questões relevantes atuais, **incluindo ou não, apoio de recursos tecnológicos**, e comunicar os resultados por meio de relatório contendo gráficos e interpretação das medidas de tendência central e das de dispersão (Brasil, 2018b, p. 526).*

- *(EM13MAT301) Resolver e elaborar problemas do cotidiano, da Matemática e de outras áreas do conhecimento, que envolvem equações lineares simultâneas, usando técnicas algébricas e gráficas, incluindo ou não **tecnologias digitais** (Brasil, 2018b, p. 528).*

- *(EM13MAT302) Resolver e elaborar problemas cujos modelos são as funções polinomiais de 1º e 2º graus, em contextos diversos, incluindo ou não **tecnologias digitais** (Brasil, 2018b, p. 528).*

- *(EM13MAT307) Empregar diferentes métodos para a obtenção da medida da área de uma superfície (reconfigurações, aproximação por cortes etc.) e deduzir expressões de cálculo para aplicá-las em situações reais, como o remanejamento e a distribuição de plantações, com ou sem apoio de **tecnologias digitais**. (Brasil, 2018b, p. 528).*

- *(EM13MAT403) Comparar e analisar as representações, em plano cartesiano, das funções exponencial e logarítmica para identificar as características fundamentais (domínio, imagem, crescimento) de cada uma, com ou sem apoio de **tecnologias digitais**, estabelecendo relações entre elas (Brasil, 2018b, p. 531).*
- *(EM13MAT404) Identificar as características fundamentais das funções seno e cosseno (periodicidade, domínio, imagem), por meio da comparação das representações em ciclos trigonométricos e em planos cartesianos, com ou sem apoio de **tecnologias digitais** (Brasil, 2018b, p. 531).*
- *(EM13MAT510) Investigar conjuntos de dados relativos ao comportamento de duas variáveis numéricas, usando **tecnologias da informação**, e, se apropriado, levar em conta a variação e utilizar uma reta para descrever a relação observada (Brasil, 2018b, p. 533).*
- *(EM13MAT302) Resolver e elaborar problemas cujos modelos são as funções polinomiais de 1º e 2º graus, em contextos diversos, incluindo ou não **tecnologias digitais** (Brasil, 2018b, p. 534).*

Ao realizar uma análise mais detalhada dos tipos de tecnologias identificados na BNCC, Bairral (2021a) sinaliza que foram localizados como recursos em aulas de matemática apenas quatro ferramentas: jogos, conteúdos digitais, planilhas e ambientes de geometria ou álgebra (p. 105). Nesse sentido, o autor argumenta que

> Além da pouca clareza conceitual sobre tecnologia, a baixa indicação de uso, pelas habilidades da BNCC, evidenciou um utilitarismo tecnológico que remete a um uso ferramental da tecnologia, porém não a considera em sua dimensão simbólica, não física, isto é, como uma extensão do nosso corpo (Bairral, 2021b, p. 105).

A partir do que expõe Bairral, é possível pensar que talvez haja certa dificuldade de alguns(mas) professores(as) de relacionar a tecnologia ao conhecimento matemático. Ainda que tais políticas curriculares sejam justificadas pelas necessidades da sociedade atual, uma certa visão utilitarista sobre as tecnologias parece ser justamente o ponto de inflexão para sua relação com o saber advindo da matemática. No aspecto da criação de novas ferramentas tecnológicas, é necessário atentar para relevância da matemática nesse processo. Ao considerarmos tais questões, é sempre significativo ressaltar que nem a matemática, nem a tecnologia, tampouco as políticas curriculares são constructos neutros. Como sugere Bairral,

> As tecnologias não podem ser somente associadas – e muitas vezes reduzidas – à inovação ou aos equipamentos. Elas também constituem e podem ser vistas como cultura redimensionada por processos intra e intersubjetivos, pois também construímos as nossas ideias acerca daquilo que é real e natural recorrendo aos materiais culturais de que dispomos (2021b, p. 105).

Assim, cabe considerar que a possibilidade de uma preponderância utilitarista da tecnologia, deve ser repensada e debatida ainda no processo de formação de professores e pesquisadores em matemática e educação. Ao não problematizarmos esses complexos processos de apropriação das tecnologias, corremos o risco de limitar o senso crítico, de criatividade e de autonomia dos sujeitos.

Como expõe Bairral (2020), ainda que as tecnologias digitais em rede apresentem contribuições aos docentes, permitindo que estes construam novas formas e condições sociocognitivas, elas não podem ser encaradas como algo que garantirá a aprendizagem dos alunos. É imprescindível que o debate e a problematização sobre a tecnologia e seus usos seja ampliado e cada vez mais possa fazer parte do cotidiano de formação dos docentes da disciplina e dos educadores, de modo geral. Diante dessas questões, cabe ressaltar que o desafio para com os alunos não é de motivá-los quanto ao uso das tecnologias – visto que eles parecem já estar naturalmente motivados. Trata-se, fundamentalmente, de manter tal interesse, levando-os à interação e aprendizado a partir delas, a partir de um processo crítico de apropriação. Nesse movimento, cabe sempre atentar para que não se reduza a prática formativa com o uso dessas tecnologias a uma simples realização de procedimentos e tarefas, uma vez que as tecnologias, de certa maneira, podem auxiliar na forma que apreendemos um objeto do conhecimento, ajudando na constituição de nossas ideias. Ao utilizar as tecnologias, deve-se pensar em novas formas de se ensinar, pois a forma tradicional foi desenvolvida para a utilização de outras tecnologias. Nesse sentido, a BNCC avançou pouco ao ignorar essa diferença, considerando que, usando-se, ou não, as tecnologias digitais, se desenvolvem as mesmas habilidades.

## 4.4. Recursos tecnológicos que podem ser utilizados nas aulas de matemática na educação básica

Como exposto até aqui, o ensino de matemática pode encontrar no uso de tecnologias um importante aliado para o processo de ensino-aprendizagem de seus conteúdos, tanto para os alunos do ensino básico, quanto para seus docentes em formação. As ferramentas a que se pode recorrer são tão diversas quanto suas possibilidades de uso. Assim, apresentaremos algumas possibilidades mais comuns, bem algumas indicações de como utilizá-las em sala de aula.

### 4.4.1. A calculadora

Na atualidade, nos deparamos com vários tipos de calculadoras (comuns, científicas, gráficas etc.). Cada uma com suas especificidades, podem ser utilizadas como uma interessante ferramenta de contribuição ao processo de aprendizagem da Matemática. Mesmo se tratando de um recurso, de certo modo, popular e de fácil acesso, ainda é possível encontrar certa resistência no uso dessa tecnologia nas salas de aula de matemática. Muitos (e aqui falo de representantes das escolas e das famílias) continuam acreditando que utilizar a calculadora pode levar os estudantes à displicência quanto ao estudo de determinados conteúdos e, por isso, em alguns ambientes educacionais, tal ferramenta educativa é simplesmente proibida, ou de uso bastante restrito. De fato, trabalhar com a calculadora de forma indiscriminada pode incorrer em certo descuido, por parte dos estudantes, em relação à construção de um raciocínio, um pensamento matemático. Por exemplo: quem nunca passou pela experiência de ir a uma loja, comprar um produto de R$ 9,00, pagar com uma nota de R$ 10,00 e presenciar o(a) atendente utilizar a calculadora para só depois fornecer o troco? Como professores de matemática, por vezes, percebemos situações como essa "como uma certa ofensa à capacidade de pensar". Entretanto, vale refletir que, em outras situações similares, há uma espécie de permissão para o uso de tecnologias tão comuns quanto a calculadora. Nessa direção, quando se perguntam as horas para alguém e essa pessoa apenas olha o relógio de pulso ou o do aparelho celular para fornecer as horas, essa "ofensa" parece se atenuar, ou nem mesmo aparecer. Até porque se trata de uma prática cotidiana, comum a todos os sujeitos. Contudo, cabe questionar se não deveríamos saber olhar as horas pela posição do sol?

Diante de indagações como essas, pode-se pensar que relógios e celulares se constituem, nos dias de hoje, como tecnologias das quais lançamos mão com certa tranquilidade para atingirmos o objetivo de dizer/saber as horas. Desse modo, é possível pensar que a calculadora também pode se configurar como uma ferramenta tecnológica que tem a capacidade de contribuir para atingirmos o objetivo de sabermos as operações matemáticas básicas. Atentar para essa reflexão pode nos permitir construir um novo olhar sobre o uso desta tecnologia em sala de aula, proporcionando à experiência educativa dos alunos maiores possibilidades de aprendizado e interação com o mundo cotidiano. Ressaltamos ainda o importante papel das calculadoras quando trabalhamos com alguns conceitos mais elaborados e os cálculos são pouco importantes e atrapalham o foco central. A utilização da calculadora pode permitir uma maior dinamicidade na resolução de alguns problemas, permitindo, por exemplo, comparar muitos resultados com rapidez ou para se perceber padrões.

### 4.4.2. Linguagem Logo

Voltada para o ambiente educacional, LOGO é uma linguagem de programação, desenvolvida na década de 1960 pelo matemático Seymour Papert no MIT (Massachussets Institute of Technology, Cambridge, Massachusetts, Estados Unidos) e fundamentada na filosofia construtivista.

No Brasil, o ambiente LOGO foi traduzido para a língua portuguesa pelo Núcleo de Informática Educativa (NIED) da Universidade de Campinas (Unicamp), em São Paulo, recebendo o nome de SUPERLOGO. A disponibilização é gratuita pelo link: https://www.nied.unicamp.br/biblioteca/super-logo-30/.

Figura 1 – Imagem da janela gráfica e da janela de comandos do SuperLogo

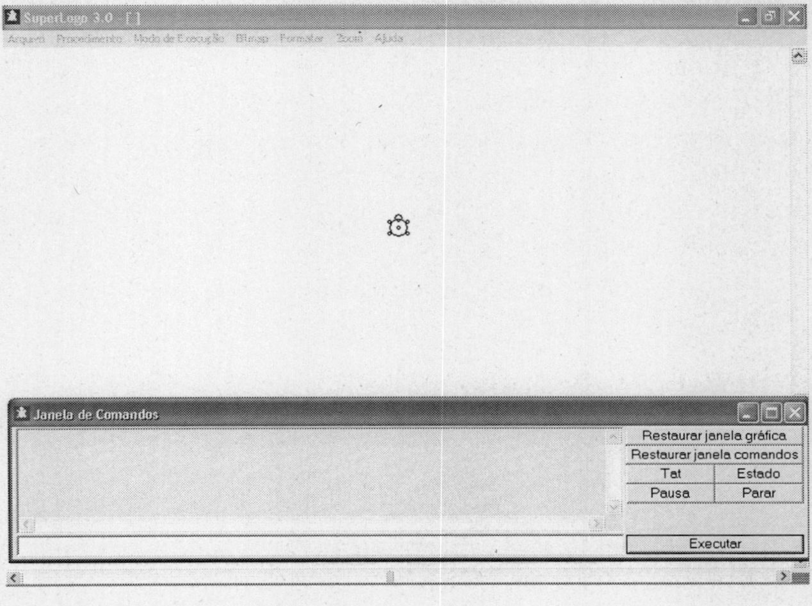

Fonte: captura de tela feita pelos autores

O programa possui uma linguagem de fácil assimilação, pois proporciona exploração de atividades espaciais que permitem um contato imediato com o computador. Os conceitos espaciais são usados para comandar a tartaruga (Tat) que se movimenta em atividades gráficas.

### 4.4.3. Softwares de geometria dinâmica

A partir da década de 1990, surgiram os softwares de geometria dinâmica para o aprimoramento de habilidades matemáticas, dentre eles destacamos o Cabri-Géomètre, Z.u.L. (*Zirkel und Lineal* em Alemão, conhecido no Brasil como R.e.C. – Régua e Compasso), Sketchpad do Geometer e o GeoGebra. Esses programas apresentam um ambiente no qual figuras geométricas podem ser facilmente construídas, manipuladas, medidas e testadas para ensinar e aprender várias habilidades envolvendo conteúdos de Geometria e Álgebra, em especial. No Brasil, um dos softwares mais utilizados por professores de matemática para auxiliar no ensino de geometria é o GeoGebra.

### 4.4.4. GeoGebra

O GeoGebra é um software livre de matemática dinâmica, criado por Markus Hohenwarter, que pode ser utilizado em todos os níveis de ensino. Com ele, podemos trabalhar Geometria, Álgebra, Planilha de Cálculo, Gráficos, Probabilidade, Estatística e Cálculos Simbólicos em um único ambiente. Possui versão para computador, aplicativos para celulares e está disponível também de forma on-line. É muito utilizado por professores da Educação Básica para desenvolver o pensamento geométrico dos estudantes.

A versão on-line pode ser acessada em: https://www.geogebra.org/classic?lang=pt_PT.

Figura 2 – Imagem da janela de visualização e da janela de comandos do GeoGebra

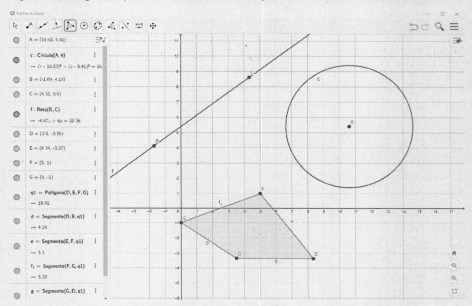

Fonte: captura de tela feita pelos autores

### 4.4.5. Aplicativos

Os aplicativos são recursos tecnológicos que podem ser utilizados em smartphones, tablets e computadores, visando oferecer uma variedade grande de funcionalidades, tais como: organização, controles pessoais, entretenimento, comunicação, educação, jogos, entre outros. Os aplicativos voltados para a educação são diversos e podem auxiliar professores e estudantes no processo de ensino e de aprendizagem.

Nas aulas de matemática, os aplicativos oferecem suporte significativo tanto para professores quanto para estudantes. Para os professores, eles se tornam ferramentas valiosas ao apresentar os conteúdos, auxiliando na explicação e facilitando a compreensão de conceitos matemáticos. Já para os estudantes, esses aplicativos promovem o desenvolvimento do raciocínio lógico, além de serem recursos eficientes para a resolução de problemas e para uma compreensão mais contextualizada dos conceitos abordados. Essas ferramentas tecnológicas também oferecem representações dinâmicas e interativas, auxiliando na Nas aulas de matemática, os aplicativos oferecem suporte significativo tanto para professores quanto para estudantes. Para os professores, eles se tornam ferramentas valiosas ao apresentar os conteúdos, auxiliando na explicação e facilitando a compreensão de conceitos matemáticos. Já para os estudantes, esses aplicativos promovem o desenvolvimento do raciocínio lógico, além de serem recursos eficientes para a resolução de problemas e para uma compreensão mais contextualizada dos conceitos abordados. Essas ferramentas tecnológicas também oferecem representações dinâmicas e interativas, auxiliando na visualização de ideias abstratas. Além de seu papel acadêmico, podem contribuir, de forma significativa, para o desenvolvimento de habilidades socioemocionais dos estudantes.visualização de ideias abstratas. Além de seu papel acadêmico, podem contribuir, de forma significativa, para o desenvolvimento de habilidades socioemocionais dos estudantes. A seguir, elencamos alguns aplicativos que podem auxiliar professores e estudantes no processo de ensino das habilidades matemáticas:

- 3D Geometry
- AtrMini – Jogos de matemática
- Calculator
- Educreations
- Geogebra
- Google Jamboard
- iCross
- iMathematics
- Kahoot
- Khan academy
- Lumosity
- MatchUp
- Math Drills Lite
- Math Learner
- Mathigon
- Multipli Minute
- Nearpod
- Numberkiz
- Panda Matemática

- Pense + ENEM
- Photomarh
- Rei da Matemática
- Shapes
- Socrative
- Super Heróis da Matemática
- Tabuada IQ
- Tindin
- Toon Math
- TrainBrain
- Whiteboard
- WolframAlpha

Optamos por indicar alguns aplicativos mesmo sabendo que eles podem se tornar obsoletos em função das atualizações necessárias para que possam funcionar em determinados sistemas operacionais (como Android e IOS).

# Capítulo 5

# A EDUCAÇÃO DAS PESSOAS COM NECESSIDADES ESPECIAIS

Os termos "inclusão" e "educação inclusiva" estão muito presentes desde o início do século XXI, não só nos documentos oficiais, mas também nas discussões entre estudiosos(as) da Educação e professores(as). Entendemos, porém, que as ideias de inclusão e educação inclusiva ainda não estão bem estabelecidas para os(as) professores(as), e em particular para os(as) futuros(as) professores(as). Existem diferentes perspectivas sobre a inclusão, o que, de certa forma, faz com que propostas, ou ideias, distintas tenham o mesmo nome, causando assim certa dificuldade de comunicação quando se utiliza o termo. Um exemplo dessa dificuldade é compreender o que significa a palavra "inclusiva" no Decreto n.º 10.502, de setembro de 2020, que propõe a Política Nacional de Educação Especial: Equitativa, Inclusiva e com Aprendizado ao Longo da Vida.

É com o intuito de compreender um pouco mais a ideia de inclusão que vamos, neste capítulo, fazer considerações sobre o processo de construção do conceito de educação inclusiva, bem como quais as principais questões a ele relacionadas e como ele pode afetar o trabalho docente.

Quando se fala em educação inclusiva, está se falando de uma escola para todos, como discutiremos melhor mais à frente, o que significa incluir na escola regular os alunos com necessidades educacionais especiais. Essa inclusão em particular é que será o objeto da discussão que faremos, apresentando a trajetória da aceitação das pessoas com deficiências pela sociedade ocidental e posteriormente discutindo duas das principais perspectivas de educação desses alunos, que é a integração e a inclusão.

## 5.1. Da rejeição a aceitação

Um traço comum entre os seres humanos é a diversidade, porém a diferença inerente entre as pessoas, em alguns casos, é considerada deficiência. O termo "deficiência", como se verifica nos dicionários, está associado a insuficiência, falta, perda de qualidade, falha, fraqueza; no caso das pessoas, pode estar relacionado com a condição física ou intelectual. Dessa forma, algumas pessoas são consideradas deficientes por apresentarem diferenças de um padrão que é considerado o "normal".

    A deficiência é, de certa forma, uma construção social, no sentido de que o que pode ser considerado um fator que gera dificuldade, ou até incapacidade, em um contexto não o é em outro. Por exemplo, na aula de matemática, o fato de um aluno ter deficiência de mobilidade não o difere de um aluno que não tem essa dificuldade, podendo assim não ser visto como deficiente nesse ambiente.

    Ao longo da história humana, as pessoas com deficiência foram tratadas de formas diferentes por grupos sociais distintos, variando do acolhimento ao banimento ou mesmo o extermínio. Em algumas tribos, devido às dificuldades de sobrevivência, como a necessidade de locomoção, se abandonava ou eliminava as pessoas que tivessem deficiências, pois estas poderiam comprometer a sobrevivência do grupo. Esse tipo de comportamento, apesar de parecer repugnante com o olhar de nossa sociedade atual, tinha como princípio a proteção da tribo, que se sobrepunha a dos indivíduos. Por outro lado, alguns grupos acreditam que algumas "deficiências" indicam poderes especiais, o povo Aonas do Quênia, país africano, por exemplo, considera que os cegos mantêm uma ligação com os espíritos do lago e que podem indicar o melhor local para a pesca, sendo, portanto, respeitados, tendo uma função social importante (Silva, 2009).

    As civilizações egípcia e grega, que tiveram papel importante na constituição do pensamento ocidental, também tiveram relações divergentes com as pessoas com deficiência. No Egito, por exemplo, os registros históricos mostram que as pessoas com deficiência eram aceitas nas diversas classes sociais, não sofrendo discriminação. Segundo Silva (2007), os egípcios viam as pessoas com deficiência como possuidoras de feiura, mas de gênios bons e que eram piedosas. Por outro lado, Braddock e Parish (2000) apontam que, nessa cultura, os portadores de nanismo eram usados para entretenimento, como bobos da corte.

    Na Grécia, as crianças que nasciam com deficiência, em geral, físicas e aparentes, que eles chamavam de disformes, podiam ser abandonadas ou eliminadas pelos pais. Gugel (2007) indica que Platão e Aristóteles, dois dos principais filósofos gregos, indicam como se deve proceder com as crianças com deficiência. Platão, no livro *A República*, onde discute sobre a composição e planejamento das cidades gregas, recomenda que elas devam ser escondidas num lugar interdito e oculto. Já Aristóteles ,no texto *Política*, sugere que deveria haver uma lei segundo a qual nenhuma criança disforme seria criada. Segundo Braddock e Parish (2000), a ideia de que os gregos praticavam infanticídio das crianças com deficiência, apesar de amplamente aceita, não é totalmente verdadeira, o infanticídio era mais praticado por razões econômicas quando a família tinha muitos filhos. Entre os abastados, porém, muitas vezes as deformidades eram vistas como sinal da ira dos deuses, e assassinar esses bebês era um sacrifício destinado a apaziguá-los. Em Esparta, porém, as crianças nascidas com deformidades físicas óbvias eram condenadas à morte, independentemente dos recursos da família. Por outro lado, havia apoio público disponível para os indivíduos com necessidades econômicas e cujas deficiências (em geral adquiridas) os impediam de trabalhar.

Os romanos tinham uma relação muito semelhante aos gregos com as pessoas com deficiência, porém realizaram as primeiras leis que os protegiam, principalmente aos seus direitos de propriedade. A lei, porém, designava tutores aos portadores de deficiências intelectuais e os proibia de realizar qualquer ato legal, além de não terem permissão para se casar. Tendo as leis romanas grande influência nas leis da maioria dos países europeus entre os séculos VI e XVIII (Braddock; Parish, 2000), as repercussões dessas visões foram disseminadas e duradouras.

Gugel (2007) aponta que com o surgimento do cristianismo existe uma mudança na relação com as pessoas com deficiência, que passam a ser consideradas filhos de Deus, sendo assim objetos de caridade. A partir dessa visão, descarta-se a eliminação das crianças com deficiências, iniciando-se uma percepção de cuidado caridoso delas. Braddock e Parish (2000) apontam que é nos séculos IV a VI que são criados os primeiros hospícios, que têm uma inspiração monástica e se destinam a cuidar das pessoas portadoras de deficiências. Geralmente construídos em complexos religiosos, eles abrigavam pessoas cegas ou com deficiência intelectual. São criadas também instituições para segregar pessoas com hanseníase. Nesse período, a pobreza era generalizada e a mendicância era bastante comum, em particular, entre as pessoas com deficiência, sendo aceitas socialmente e vistas como uma oportunidade para os cidadãos mais ricos fazerem o bem. As pessoas com deficiência mental que tinham posses eram, em geral, destituídas de seus direitos, podendo-se citar o caso da Inglaterra, onde era a coroa que assumia a custódia das suas terras e os lucros por ela gerados.

Na Idade Média (entre os séculos V e XV), também se inicia uma percepção de que as deficiências tinham causas naturais, o que, segundo Braddock e Parish (2000), pode ser visto nos textos médicos da época. Considerava-se também que as pessoas com deficiência mental eram responsabilidade das cidades. Existia, porém, como nos povos mais antigos, uma visão bastante supersticiosa sobre as pessoas com deficiência durante o período medieval, em particular a doença mental, sendo consideradas efeitos de causas sobrenaturais ou demoníacas. A cura também era buscada por meio da fé, com peregrinações a locais religiosos, exorcismos, ou usando-se elementos ou poções mágicas (Braddock; Parish, 2000).

Apesar de contraditórias, as ideias de ser generoso e gentil com as pessoas com deficiência e, ao mesmo tempo, considerar que a deficiência era uma marca da ira de Deus ou algo demoníaco, são frequentes e podem ser encontradas inclusive no Antigo Testamento Braddock; Parish, 2000). Um extremo dessa dualidade é apontado por Gugel (2007) ao afirmar que se chegava a utilizar a morte para expurgar os pecados das pessoas com deficiências. Nesse período, os árabes, por outro lado, consideravam que a deficiência mental era divinamente inspirada e não de origem demoníaca; dessa forma, criaram asilos onde as pessoas com deficiência eram cuidadas com benevolência.

No período conhecido como Idade Moderna, houve uma grande mudança em relação às pessoas com deficiência. Esse período da História do Ocidente que se inicia com o final da Idade Média e estende-se do final do século XV até à Idade das Revoluções no século XVIII, é marcado pelo surgimento do chamado espírito científico e pelo enfraquecimento de concepções baseadas em aspectos religiosos que explicavam todos os acontecimentos por meio da vontade de Deus. A partir do século XVI, a Medicina começa a explicar, dentro de uma visão racionalista, a deficiência intelectual a partir da estrutura cerebral. Paracelso (1493-1541) inicia uma reformulação na noção de sobrenaturalidade atribuída às manifestações da deficiência, passando a considerar que as pessoas com deficiência não são vítimas de forças demoníacas ou da ira de Deus, e sim pessoas doentes – portanto, dignas de tratamento (Giordano, 2000). O problema que era até então teológico começa a ser visto como médico.

Um dos reflexos dessa mudança é o surgimento de formas especificas de cuidar das pessoas com deficiência, com serviços mais individualizados e eficientes. Silva (2009) aponta, por exemplo, o desenvolvimento de estratégia que buscava ensinar aos deficientes auditivos, já no século XVI, formas de se comunicarem. Outra característica importante é o surgimento, no século XVII, de hospitais controlados pelos governos locais, alguns funcionavam também com asilos para as pessoas com deficiência, dando não só abrigo e alimentação, mas também assistência médica (Silva, 2009). Deve-se ressaltar que os procedimentos médicos, que parecerem exóticos aos olhos de hoje, estavam relacionados a entendimentos primitivos das funções anatômicas e às habilidades dos médicos e não mais a causas sobrenaturais (Braddock; Parish, 2000).

Giordano (2000) aponta que os hospitais mantinham as pessoas com deficiência intelectual em um regime semipenitenciário, onde se encontravam também abrigados velhos, prostitutas, criminosos, indigentes, entre outros. Somente no final do século XVIII as pessoas com deficiência mental começam a ser diferenciadas dos criminosos com que estavam internados, se iniciando uma liberação, dos que não eram considerados perigosos, dos hospitais onde permaneciam como prisioneiros, permitindo o convívio com suas famílias e sendo auxiliados pela sua comunidade. Outro aspecto importante é que foi nesse período que se passou a diferenciar as pessoas com deficiência intelectual das com doença mental, possibilitando uma política sobre o direito à propriedade. Mesmo assim, a internação nas instituições continuou a ser uma prática comum em todo o período. Como apontam Braddock e Parish (2000), a institucionalização (manter como parte de uma instituição) de pessoas com deficiência era comum em vários países da Europa e em alguns das Américas.

Apesar de alguns avanços na forma de se relacionar com as pessoas com deficiência, a mendicância ainda era uma das principais formas de sobrevivência para eles. Entre os séculos XVI e XVII, foram constituídos grupos organizados, como confrarias e associações, que buscavam organizar a atividade de mendicância e proteger os seus filiados (Silva, 2009).

No século XVIII surgem escolas residenciais para surdos e cegos, que têm como objetivo ajudar a comunicação e a inserção social dos mesmos. Essa nova visão das pessoas com deficiência está inserida na mudança provocada pela revolução intelectual da Renascença e do Iluminismo, que consideravam que as pessoas podiam intervir no que era considerado a ordem natural e imutável das coisas, e que a sociedade e os seres humanos poderiam ser aperfeiçoados (Braddock; Parish, 2000). Inicia-se então uma medicalização e profissionalização da deficiência, reforçando o desenvolvimento e a proliferação de instituições especializadas, bem como a valorização dos profissionais envolvidos com eles, como médicos, educadores e cuidadores. Silva (2009) cita várias tentativas na Europa e nos Estados Unidos, a partir da segunda metade do século XVIII, de inserir as pessoas com deficiência no sistema produtivo, desenvolvendo seu potencial para a produção de bens, assim podendo ao menos cobrir suas necessidades de sobrevivência.

No final do século XVIII, porém, a lotação e as péssimas condições dos hospitais gerais na França faziam com que muitos doentes e inválidos se escondessem em casa para morrer, para não serem levados à força para a internação (Silva, 2009).

A tendência à institucionalização ganharia maior impulso durante os séculos XIX e XX. No século XIX, começam a ser criadas organizações, separadas dos hospitais gerais, que desenvolviam atendimentos especializados para as diferentes deficiências, buscando integrar as pessoas portadoras e a sociedade (Silva, 2009).

Segundo Braddock e Parish (2000), cresce rapidamente o número de instituições que são escolas residenciais para alunos surdos ou cegos durante o século XIX, e nelas são desenvolvidas novas técnicas terapêuticas que visam à inserção social, porém se mantém a segregação institucionalizada de pessoas com doenças mentais e deficiência intelectual. São também abertas na Europa escolas para crianças com deficiência física.

Em meados do século XIX, houve uma expansão das instituições para pessoas com deficiência mental, porém elas rapidamente ficaram lotadas com a inclusão de prisioneiros que apresentavam comportamentos violentos. Com a superlotação e o crescimento das instituições, nas últimas décadas de 1800, o foco no tratamento deu lugar ao confinamento e custódia, assim as taxas de cura caíram e os psiquiatras passaram a considerar que a doença mental era em grande parte incurável (Braddock; Parish, 2000).

Silva (2009) aponta que no Brasil não se encontra nenhuma informação relevante sobre a assistência às pessoas com deficiência anterior ao século XIX. Segundo ele, essas pessoas deviam ficar sob a responsabilidade de suas famílias, o que ainda é comum até os dias de hoje. O autor aponta que foi somente em 1854 foi criada pela coroa brasileira a primeira instituição para deficientes no Brasil, o Imperial Instituto dos Meninos Cegos. Seguiu-se a criação do Instituto dos Surdos-Mudos em 1887. Em ambos os institutos se visava à educação profissional, para que os(as) alunos(as) tivessem um ofício que permitisse sua subsistência.

O século XX trouxe um grande avanço na qualidade de vida e ao atendimento da população mais pobre, em particular nos países desenvolvidos; porém, em seu início houve uma corrente com uma visão eugênica, bastante difundida, que considerava que a deficiência intelectual era considera como um sinal de degradação da espécie, e assim associada à criminalidade e comportamento imoral. Os testes intelectuais foram amplamente usados para nomear e classificar os tipos de deficiência com o intuito de segregar as pessoas, em particular nos Estados Unidos, que os utilizava para encaminhar crianças para classes especiais, reforçando preconceitos etnocêntricos (Braddock; Parish, 2000). Segundo Giordano (2000), nas quatro primeiras décadas do século XX, a deficiência ainda era vista de forma preconceituosa e estigmatizante, abandona-se a ideia de que ela é fruto da cólera divina ou uma ameaça dos demônios e passa-se a considerá-la como perigo, por trazer danos e ruína social. Essa visão resultou na continuação da segregação e da marginalização das pessoas com deficiência.

Depois da II Guerra Mundial (segunda metade do século XX), houve um grande esforço de normalização da vida das populações atingidas pelos combates, gerando grandes programas sociais, que, aliados ao grande avanço técnico da Medicina, criaram condições, mesmo em países em desenvolvimento, para o avanço no atendimento das pessoas com deficiência. Esses programas geraram o surgimento de profissões e o crescimento do número de profissionais, nas áreas de saúde, assistência e educação, vinculados ao atendimento desses grupos (Silva, 2009). Nesse período, também se observa um movimento, principalmente na Europa e na América do Norte, que buscava assegurar os direitos e oportunidades para os deficientes, possibilitando inclusive que as pessoas portadoras de deficiência mental passassem a ser vistas como portadoras de direitos e necessidades próprias, sendo consideradas elementos integrantes de sua comunidade.

A partir da década de 1950 começaram a surgir em várias partes do mundo organizações sociais formadas por grupos de pais e amigos de pessoas com deficiência, que oferecem serviços abrangentes a esse público e, além de defender os seus direitos, passam a transformar a opinião pública quanto ao seu papel na sociedade (Braddock; Parish, 2000). Essas organizações constroem escolas e centros de atendimento as pessoas com deficiência, sendo que muitas têm atuação nacional. Foram também fundadas associações internacionais, compostas por organizações nacionais interessadas na prevenção da deficiência. Segundo Silva (2009), a mais antiga delas surgiu na Escandinávia ainda no início do século XX e atendia pessoas deficientes na Suécia, Noruega e Dinamarca. No Brasil temos como exemplo a Associação de Pais e Amigos dos Excepcionais (Apae), criada em 1954, que atende a pessoas com deficiência intelectual e múltipla, atuando em 1749 municípios em 26 estados[10], e a Associação de Assistência à Criança Deficiente (AACD), criada em 1950, que atende pessoas com deficiência física e, apesar de não possuir muitas unidades, tem um número de atendimentos bastante significativo.

Apesar de, em geral, essas organizações brasileiras serem filantrópico-assistenciais, o que de certa forma contribuía para a manutenção de uma imagem de caridade, elas desenvolveram pesquisas sobre o tratamento e a educação das pessoas com deficiência, contribuindo com o desenvolvimento do atendimento sociocultural dessas pessoas (Giordano, 2000).

Nunes e Ferreira (1993) apontam que até a década de 1970 houve uma multiplicação e consolidação do modelo de atendimento às pessoas com deficiência por meio das instituições privadas, mas que a partir de então o Governo Federal inicia um processo de centralização administrativa e de coordenação política. Nessa década, o Conselho Federal de Educação define o tratamento a ser oferecido aos alunos portadores de deficiência e mostra a necessidade de serviços especializados nos sistemas de ensino, além da formação de recursos humanos, porém mantém a abordagem terapêutica. A partir dessas regulamentações, existe uma reorganização na educação especial nas secretarias estaduais de educação, bem como a destinação de recursos e a abertura de cursos de formação de professores para a área (Nunes; Ferreira, 1993). Nesse período o Governo Federal desenvolveu ações de fomento junto às organizações. Segundo Mazzotta (1996), o Ministério da Educação prestava assistência técnica e destinava recursos financeiros. De acordo com Nunes e Ferreira (1993), de forma prioritária as organizações privadas, que eram, por sua vez, as responsáveis pela maior parte do atendimento as pessoas com deficiência.

As mudanças ocorridas a partir do protagonismo assumido pelo Ministério da Educação não implicaram mudanças significativas no número de vagas, nem na qualidade dos serviços educacionais prestados às pessoas portadoras de deficiências. Para Nunes e Ferreira (1993), ocorreu uma consolidação da existência de duas redes para educação de pessoas com deficiência, em particular os com deficiência mental: uma privada, que atendia a maior parte dos alunos; e outra pública, com as classes especiais, que, apesar de serem reservadas prioritariamente para alunos com deficiência mental e educáveis, atendiam, em geral, aos alunos com problemas de aprendizagem, ou de comportamento. Segundo Nunes e Ferreira (1993), esse panorama até o início da década de 1990 não tinha tido mudanças significativas, apontando que o sistema do educacional brasileiro mostrava poucas iniciativas para atender a grupos em situações específicas e para enfrentar o desafio de construir práticas educacionais que superassem parte da marginalização presente nas classes e escolas especiais.

A organização da educação de pessoas com deficiência em separado, em escolas ou salas especiais, é chamada de educação especial, que, apesar de ampliar as possibilidades de inclusão social das pessoas portadoras de deficiência, oferecia poucas vagas, não atendendo a todos, e mantinha a lógica da segregação com a justificativa de dar um atendimento especializado e não prejudicar os(as) alunos(as) considerados "normais". Nessa perspectiva, apesar de os alunos com deficiência terem ganhado um novo enfoque, ainda não detinham os mesmos direitos que as outras crianças. Um problema decorrente de falhas no sistema de avaliação para o encaminhamento para as salas especiais, fez com que estas se tornassem em um espaço para acomodar problemas de aprendizagem e comportamento (Nunes; Ferreira, 1993; Omote, 1999). Outro problema apontado por Nunes e Ferreira (1993) é a permanente crise financeira das instituições especializadas, que tinham um alto custo por terem como objetivo atender, além das demandas educacionais, as diversas necessidades assistenciais.

Podemos sintetizar afirmando que a educação especial, em que pese sua intenção de dar um atendimento especializado mais individualizado, promove a segregação das pessoas portadoras de deficiência, o que, de certa forma, reforça o preconceito e os estereótipos. Destacamos, também, que, apesar de existirem critérios usados para se determinar quem deve ser encaminhado às escolas ou salas especiais, o processo de avaliação, em muitos casos, é frágil, o que permite muitas distorções, como o encaminhamento de alunos tidos como indisciplinados, assim mesmo tendo-se um número de vagas insuficiente para atender todas as pessoas com necessidades educacionais especiais – muitos dos que as ocupavam não as tinham.

Mesmo com o significativo avanço que se observa nesse período em relação às pessoas portadoras de deficiência, em particular, com a aceitação e a possibilidade de escolarização, ainda não existia uma integração, muito menos uma inclusão dos mesmos no sentido que entendemos hoje. Podemos concluir que a sociedade aos poucos, e não de forma linear, foi mudando sua relação com as pessoas com deficiência, indo do abandono, ou do extermínio, chegando a uma aceitação na família e na comunidade, porém até os anos de 1970 ainda os mantendo excluídos das escolas regulares. Esse cenário só se altera com a perspectiva da integração dos deficientes que discutiremos a seguir.

## 5.2. Educação Integrada ou Inclusiva

No âmbito internacional se inicia a partir dos anos 1960 um processo de integração dos alunos com necessidades educacionais especiais. O marco inicial se dá em 1959, quando a Dinamarca inclui na sua legislação o conceito de "normalização", um movimento que visa possibilitar à pessoa com deficiência uma vida tão normal quanto possível, que propõe inclui-los no sistema regular de ensino. Esse movimento, chamado de integração escolar, se expande pela Europa e América do Norte na década de 1960, com vários países passando a apostar na escolarização das crianças em situação de deficiência no sistema regular de ensino (Sanches; Teodoro, 2006). Sanches e Teodoro (2006), citando Wolfensberger, afirmam que a integração é

> [...] o oposto a segregação, consistindo o processo de integração nas práticas e nas medidas que maximizam (potencializam) a participação das pessoas em actividades comuns (*mainstream*) da sua cultura (Sanches; Teodoro, 1993, p. 65).

Na perspectiva da integração escolar se busca retirar as crianças com deficiência das instituições especializadas e inseri-las no ensino regular, com o objetivo de desenvolver a independência e autonomia, abandonando-se, assim, o paradigma da medicalização e segregação. A ideia principal é possibilitar a essas crianças um novo espaço de convívio, de socialização e de aprendizagem, maximizando as possibilidades de desenvolvimento interpessoal e a futura inserção social. Mendes (2006) aponta potenciais benefícios da integração para os alunos com deficiências, como "participar de ambientes de aprendizagem mais desafiadores; ter mais oportunidades para observar e aprender com alunos mais competentes; viver em contextos mais normalizantes e realistas para promover aprendizagens significativas (p. 388). Segundo a autora, os alunos sem deficiências podem ter a possibilidade de aprender a aceitar as diferenças entre as pessoas e desenvolver atitudes de aceitação das próprias potencialidades e limitações (Mendes, 2006).

É importante destacar que a normalização não se relaciona diretamente a uma pessoa, ou seja, não é o(a) aluno(a) que vai ser normalizado, e sim os serviços que serão prestados a ele, baseados no princípio de que todos os alunos devem ser tratados como seres humanos plenos, fornecendo critérios para que esses serviços sejam planejados e avaliados (Mendes, 2006).

Segundo Mendes (2006), a partir da década de 1980 a perspectiva da integração foi bastante difundida em todo o mundo, em particular a partir da experiência norte-americana. Havia diferentes interpretações sobre a operacionalização da integração das crianças com necessidades educacionais especiais, porém havia consenso sobre o princípio em si. Para Sanches e Teodoro (2006), em princípio, busca-se trazer das escolas especiais as práticas pedagógicas por elas adotadas, que seriam adaptadas pelos professores de educação especial, que acompanham os alunos, em programas educativos individuais, de acordo com as necessidades de cada um. Porém, Mendes (2006) considera que existia desde o início uma resistência de se colocar todo e qualquer aluno(a) na classe comum da escola regular, em geral, os modelos adotados mantinham os serviços já existentes, admitindo sua necessidade com diferentes níveis de integração, apesar da opção preferencial pela inserção na sala comum. Um modelo de integração é apresentado por Mendes (2006) quando cita uma estrutura organizacional do atendimento às crianças com deficiência baseado nos serviços realizados nos EUA: 1) classe comum, com ou sem apoio; 2) classe comum associada a serviços suplementares; 3) classe especial em tempo parcial; 4) classe especial em tempo integral; 5) escolas especiais, 6) lares; 7) ambientes hospitalares ou instituições residenciais. Nesse sistema existiria a possibilidade da mudança de nível para o aluno, visando a um grau maior de integração escolar com base nas potencialidades e no progresso do aluno.

Nos países em que se adotou o sistema de integração escolar, acabou-se criando um subsistema de educação especial dentro das escolas do ensino regular, com seus próprios professores que atendiam aos alunos com necessidades educacionais especiais. Nesse modelo, o professor especial desenvolve para cada aluno um programa para compensação de suas áreas deficitárias, que será desenvolvido de forma separada dos alunos de sua turma regular (Sanches; Teodoro, 2006).

Mendes (2006) chama a atenção para um fator que foi importante na aceitação por parte dos governos da perspectiva da integração, o alto custo dos programas de educação especial. Segundo a autora, apenas os países desenvolvidos haviam criado um sistema educacional paralelo para os portadores de deficiências, dessa forma a integração traria uma economia para os cofres públicos. No Brasil não se percebe essa pressão do alto custo, pois o atendimento às pessoas com deficiência era realizado principalmente por entidades filantrópicas, que estabeleciam parcerias com o setor público, com estas sempre apresentando grandes problemas financeiros. Aqui existia, e ainda existe, um claro descompasso entre o que se propõe na legislação e o que é oferecido no sistema escolar. É perceptível a grande a lacuna entre as necessidades de um sistema integracionista e os recursos humanos e materiais disponíveis nas redes públicas brasileiras.

Borges *et al.* (2012) apontam uma contradição nesse modelo, pois ao mesmo tempo que se defende a inserção dos alunos com deficiência no sistema educacional, reconhecendo a igualdade de direitos, defende-se o encaminhamento dos alunos com mais dificuldades para uma escola especial, aceitando a segregação. O que se percebe é que as pessoas com necessidades educacionais especiais, para ter o direito de conviver socialmente, precisam assumir uma função produtiva na sociedade. Por outro lado, essas pessoas já estão inseridas nessa sociedade, talvez não da forma com que essa sociedade pressuponha para o seu cidadão "normal", mas mesmo com suas diferenças são cidadãos que devem ter seus direitos garantidos. Um ponto importante que nem sempre se considera nessa perspectiva é que as diferenças são comuns entre todas as pessoas e não só entre as com deficiências. Existem problemas sociais que também geram dificuldades de adaptação à sala regular, o que poderia nessa lógica também levar esses alunos a salas especiais.

Outra crítica a essa perspectiva decorre do fato de o aluno com necessidades educacionais especiais ser responsável, de certa forma, pela sua adaptação à classe regular, cabendo à escola apenas oferecer as condições para que ele "evolua" no sistema, tendo em vista que o sistema é centrado no aluno e tem um enfoque na compensação educativa. Nessa perspectiva, o sistema educacional não questiona suas estratégias, ele apenas oferece a oportunidade para que esses alunos se adaptem às opções oferecidas.

Segundo Amiralian (2005), a escola integrada não atinge o seu principal objetivo, que é a integração dos alunos com necessidades educacionais especiais, pois eles não se tornam efetivamente parte integrante da escola como os outros alunos. O que ocorre, em geral, é que os alunos são colocados em classes, ou escolas especiais, e nelas permanecem definitivamente, já que o sistema de mudança de nível não funciona efetivamente.

Por fim, destacamos uma crítica comum que se faz à ideia de integração, que pode se aplicar não só aos(às) alunos(as) com necessidades educacionais especiais: o modelo permite que se mantenham excluídos os(as) alunos(as) a que a escola não consegue ensinar. Dessa forma, a escola consegue se manter sem alterações em sua forma de atuar, apenas excluindo os que a ela não se adaptam. Para Borges *et al.*, "o Sistema Educacional democratizou o acesso à escola, porém, ainda não conseguiu garantir o acesso à aprendizagem ou democratizar o acesso ao saber para todos" (Borges *et al.*, 2012, p. 1). Essa é a principal crítica apresentada pelos defensores da ideia de Escola Inclusiva, que considera que não pode haver nenhum tipo de exclusão no sistema educacional.

No final do século XX e início do XXI, a questão da inclusão de todos os grupos na sociedade ganha força, como nos movimentos de defesa dos direitos civis, incluindo as causas dos negros, das mulheres, dos indígenas, das pessoas LGBTQIA+. Nesse contexto, também cresce a luta pelo direito das pessoas com deficiência que defende uma inclusão ampla na sociedade. Essa luta inclui a discussão das barreiras arquitetônicas, da inserção no mercado de trabalho, do oferecimento de lazer e esportes e de uma educação de qualidade. A inclusão, dessa forma, não pode ser vista apenas como uma questão da educação de pessoas com deficiência, mas sim de um amplo processo social democrático que busca a igualdade de direitos, contra a exclusão social.

Sanches e Teodoro (2006) apontam que a continuidade da exclusão no processo de integração escolar desencadeou um movimento de inclusão de todos os alunos, na construção de uma escola democrática em que a justiça, o respeito pelo outro e a equidade sejam os grandes princípios de ser e de estar. Ainda segundo os autores, "Este posicionamento obriga a um outro *olhar* e um outro *sentir* em relação à riqueza social, a diversidade humana, nas suas mais diversas formas e nos seus diferentes contextos de co-habitação" (p. 69).

Um grande marco na educação inclusiva é a Declaração de Salamanca[11], que é uma resolução das Nações Unidas para tratar dos princípios, políticas e práticas para a área das necessidades educativas especiais. O documento foi produzido na Conferência Mundial de Educação Especial em junho de 1994, quando 88 governos e 25 organizações internacionais o assinaram. Nele é reafirmado o direito fundamental à educação e defendido que as crianças com necessidades especiais devem ter acesso à escola regular, dentro de uma pedagogia centrada na criança e que seja capaz de satisfazer suas necessidades, indicando que as escolas regulares com uma orientação inclusiva são um dos meios mais efetivos para se combater a discriminação e de prover uma educação efetiva à maioria das crianças. É importante destacar que a declaração considera ser um princípio fundamental da escola inclusiva que todas as crianças aprendam juntas, sempre que possível, independentemente de quaisquer dificuldades ou diferenças que elas possam ter, sendo a escola responsável por responder as demandas dos alunos, acomodando os diversos ritmos e estilos de aprendizagem em um currículo que garanta uma educação de qualidade.

A declaração de Salamanca não rejeita totalmente a educação especial, ela considera que as crianças com necessidades educacionais especiais deveriam receber qualquer suporte extra requerido; porém, o encaminhamento a escolas especiais, a classes especiais ou a sessões especiais dentro da escola deveria constituir exceção.

Segundo Sanches e Teodoro (2006), após essa declaração se produziu um grande número de documentos que orientam uma política educativa em nível internacional que combata a exclusão, procurando operacionalizar a inclusão social e escolar de todos os estudantes.

Um ponto interessante é apontado por Borges *et al.* (2002), se a escola integrada defendia a ideia de que todos eram iguais, daí a ideia de normalização, a escola inclusiva acredita que todos são diferentes, mas que devem permanecer juntos, sendo a diferença o que temos de igual. Dessa forma, para compreender a ideia de educação inclusiva é preciso superar o entendimento de que todos os alunos aprendem a mesma coisa e da mesma forma, portanto deve-se construir um novo paradigma educacional baseado na solidariedade, que atenda a todos com qualidade, mesmo em sua diversidade.

A inclusão não é um processo que se dá somente na sala de aula ou na escola, ela requer mudanças em todo sistema educacional, além de necessitar de uma aceitação da sociedade a esse processo. No sistema educacional é necessária uma mudança na orientação e acompanhamento do trabalho docente, nas avaliações sistêmicas, na adequação dos espaços físicos, além da adequação da legislação. Nas escolas deve-se adequar a gestão das aulas, os currículos, as estratégias didáticas, as avaliações e os espaços físicos, além da criação de um sistema de apoio ao docente para o desenvolvimento de um trabalho adequado a essas novas demandas. Esse grande número de mudanças pode causar resistências e medos que podem dificultar o processo de inclusão.

Amiralian (2005) afirma que, para que a escola possa atender de forma eficiente os estudantes com necessidades educacionais especiais, ela deve compreendê-los, sabendo o que significa ter uma deficiência e quais são as limitações, incapacidades e desvantagens que elas impõem, e também quais são as possibilidades e capacidades de cada um deles. É importante também mudar o foco do ensino para aprendizagem, assim o que passa a ser central é o quanto o estudante aprende, para isso o professor deve propor estratégias que favoreçam essa aprendizagem. Outro ponto é o apoio especializado que deve se dar a comunidade escolar, orientando e possibilitando a todos a compreensão e encaminhamento das demandas cotidianas geradas pelos alunos com necessidades especiais.

A perspectiva da escola inclusiva defende uma escola de qualidade para todos(as) os(as) estudantes, com ou sem necessidades educacionais especiais. Consideramos, como Sanches e Teodoro (2006), que todos os estudantes têm a ganhar e a perder nesse processo, pois a construção da identidade se dá por contraponto ao outro que se distingue de nós. Entendemos que o contato com pessoas diferentes (qualquer tipo de diferença) na escola pode contribuir para que o estudante seja mais tolerante e respeitoso à diversidade humana. Nessa perspectiva, a heterogeneidade não é vista como um problema, mas como um desafio que gera mudanças, não só nas concepções dos participantes da comunidade escolar, mas também mudanças em políticas públicas e nas práticas educativas.

A inclusão sofre ainda bastante resistência não só nas escolas como na sociedade como um todo, duras críticas são feitas sobre a capacidade das escolas de receber alunos com necessidades especiais, o que poderia gerar uma segregação ainda maior e a evasão. Mendes (2006) relaciona algumas críticas à proposta de inclusão, como uma satisfação de parte dos pais e educadores(as) de alunos(as) com deficiência com o sistema de integração; a restrição dos demais com a inclusão destes; a inclusão de alunos(as) com deficiências mais graves nas salas comuns ao invés de uma sala especial, pois eles necessitam de estratégias educacionais diferenciadas, o que não seria possível em uma sala comum; a negativa do direito das famílias de escolher o que consideram melhor para seus filhos; a ausência de dados que comprovem a vantagem da escola inclusiva e exemplos de sucesso de algumas escolas especiais.

Podemos concluir que não existe uma forma consensual ao se pensar na educação das pessoas com necessidades educacionais especiais, que tanto a perspectiva da integração como a da inclusão recebem críticas, dependendo de quem as está avaliando. Apesar de a decisão pela adoção da perspectiva integrada ou inclusiva, em última estância, ser dos órgãos que administram as escolas, entendemos que todos os professores devem estar familiarizados com essa discussão, conhecendo as vantagens e os pontos fracos de cada modelo.

No Brasil a adoção de um ou outro modelo não foi consensual e variou ao longo dos últimos anos. A partir da Constituição de 1988, que apresenta como um dos princípios do ensino a igualdade de condições de acesso e permanência na escola, com igualdade de oportunidades e a convivência com a pluralidade, o país adotou uma política educacional mais democrática.

Em 1994 é lançado o documento Política Nacional de Educação Especial na perspectiva da Educação Inclusiva (PNEE), que tinha como proposta a integração, defendendo a individualização do atendimento educacional, respeitando o ritmo e as características pessoais dos portadores de necessidades educativas especiais. Condicionava o acesso às classes comuns do ensino regular apenas aos estudantes que tivessem condições de acompanhar e desenvolver as atividades curriculares programadas do ensino comum, indicando aos demais salas ou escolas especiais.

Em 2001, o Plano Nacional de Educação (PNE, Lei n.º 10.172/2001) indica que se deveria construir uma escola inclusiva que garantisse o atendimento à diversidade humana, estabelecendo metas que favoreciam o atendimento às necessidades educacionais especiais dos(as) alunos(as), apontando o déficit de matrículas oferecidas a esses alunos nas classes comuns, além dos problemas na formação docente e na acessibilidade física e atendimento especializado.

Um novo PNEE, de 2008, indicando já no título sua perspectiva "Política Nacional de Educação Especial na Perspectiva da Educação Inclusiva". O documento indica o seu alinhamento com movimento mundial pela inclusão, e defende o direito de todos os alunos de estarem juntos, aprendendo e participando, sem nenhum tipo de discriminação. Nele a educação especial é vista como uma

> [...] modalidade de ensino que perpassa todos os níveis, etapas e modalidades, realiza o atendimento educacional especializado, disponibiliza os serviços e recursos próprios desse atendimento e orienta os alunos e seus professores quanto a sua utilização nas turmas comuns do ensino regular (Brasil, 2008, p. 16).

Destaca-se que a prioridade é o ensino na sala comum, sendo o atendimento educacional especializado considerado complementar aos alunos, visando à sua autonomia e independência, devendo ser articulado com a proposta pedagógica do ensino comum.

Uma nova mudança de perspectiva ocorre com o PNEE de 2020, intitulado "Política Nacional de Educação Especial: Equitativa, Inclusiva e com Aprendizado ao longo da Vida", apesar do termo "inclusiva", o documento defende uma perspectiva integradora, que ele chama de "Educação Especial". O documento retoma a ideia de que a educação das pessoas com necessidades especiais pode ser realizada em escolas comuns, em sala comum ou especial, sendo que o atendimento educacional especializado pode ser oferecido nela ou em escolas especiais, e inclusive abre a possibilidade de toda a educação ser realizada em escolas especiais. Ao justificar tal escolha, aponta que o número de pessoas em idade escolar fora da escola por apresentarem demandas que seriam mais adequadamente atendidas nas escolas ou classes especializadas. Inclusive considera que as escolas especiais são também inclusivas, por considerar que a inclusão é condição para a garantia dos direitos fundamentais.

Nota-se, portanto, que a discussão sobre uma Educação Integrada ou Inclusiva ainda está em aberto, não só no campo acadêmico, mas também na sociedade e nas ações governamentais.

## 5.3. O papel do(a) professor(a) na escola inclusiva

Como apresentamos, na escola integrada os alunos com necessidades educacionais especiais têm um atendimento especializado com uma programação de atividades individualizada, que é elaborada pelo(a)s professore(a)s da educação especial, mesmo quando elas devem ser desenvolvidas na sala de aula comum. Nesse contexto, o papel do(a) professor(a) do ensino regular se limita a aplicar essas atividades, ou apoiar o Acompanhante Especializado[12] quando este estiver presente, concentrando o seu foco nos demais alunos(as). Dessa forma, entendemos que a necessidade de uma formação do professor do ensino regular para atender esse público, apesar de necessária, tem sua importância reduzida, pois não é ele que será o responsável pela adaptação das práticas pedagógicas para os(as) alunos(as) com necessidades educacionais especiais.

Já na perspectiva da escola inclusiva o(a) professor(a) do ensino regular é o responsável pelas práticas pedagógicas de todos os alunos, o que altera de forma significativa o seu papel em relação às outras perspectivas. Inicialmente deve-se lembrar que a inclusão não é uma estratégia didática, é uma perspectiva de educação, que deve nortear a busca por estratégias que favoreçam a todos os alunos simultaneamente.

O professor na perspectiva inclusiva deve estar preparado para lidar com a diversidade na sala de aula, favorecendo o convívio entre os diferentes, possibilitando um ambiente de aceitação, tolerância, cooperação e solidariedade. Essa postura requer a desconstrução dos modelos rígidos e excludentes que a escola adotou por um longo período, e que, de certa forma, estão incorporados ao imaginário de escola da maior parte das pessoas. Como apontam Sampaio e Sampaio (2009), este é um processo desestabilizador, que vai interferir nas esferas profissionais e pessoais, pois "implica questionar saberes, práticas e concepções há muito arraigadas sobre a deficiência" (p. 48).

A visão da sociedade sobre a deficiência em geral é carregada de preconceitos e estereótipos que dificultam a aceitação dos alunos com necessidades educacionais especiais nas salas de aula comuns. Giordano (2000) destaca que o preconceito propicia leituras indevidas sobre a deficiência, como, por exemplo, reduzir o aluno a sua própria deficiência, não permitindo visualização das infinitas possibilidades de modulação: tipos e graus das deficiências, bem como as características e potencialidades individuais de cada pessoa. Como apontam Sampaio e Sampaio (2009), a singularidade de cada aluno deve ser valorizada, suas limitações precisam ser reconhecidas, porém não devem ser um empecilho ao seu ensino. Ainda segundo as autoras, ao se ensinar não se deve focar no indivíduo e suas dificuldades, mas nas dificuldades relativas ao processo ensino-aprendizagem, ou seja, deve-se buscar estratégias didáticas que sejam mais adequadas a todos os alunos e não que todos os alunos se adaptem às estratégias já utilizadas.

Ao trabalhar em uma escola inclusiva, o(a) professor(a) deve estar aberto a lidar com a diversidade, em uma sala podem estar presentes diferentes ritmos, interesses, comportamentos e experiencias de vida, que vão demandar uma reorganização das práticas pedagógicas. Deve-se destacar a ideia de que uma educação inclusiva vai além da presença, ou não, dos(as) alunos(as) com necessidades educacionais especiais, já que a diversidade sempre está presente nas salas de aula. Nessa perspectiva, a diversidade em sala de aula é vista como um fator importante, pois como salientam Sampaio e Sampaio (2009), ela melhora a qualidade de ensino para todos, possibilitando a "troca de repertórios, de visões de mundo, confrontos, ajuda mútua e consequente ampliação das capacidades individuais" (Sampaio; Sampaio, 2009).

Adotar a perspectiva inclusiva exige mudanças na organização das escolas, tanto física como legal, e nas práticas pedagógicas. Segundo Sampaio e Sampaio (2009), as escolas terão de reduzir o número de alunos por turma e adequar a infraestrutura, além de oferecer programas de formação docente, um fator importante para propiciar as mudanças necessárias. As práticas pedagógicas também terão de se adequar à nova realidade, que, como destacam Borges *et al.* (2012), passa a ser pautada pelos princípios da equidade na educação e da inclusão. As práticas pedagógicas devem ter como foco, de acordo com Sampaio e Sampaio (2009), o respeito aos ritmos dos alunos e valorização de suas possibilidades de aprendizagem. Outro ponto importante é a avaliação dos alunos, que tem de deixar de ser feita pela falta, observando-se as dificuldades e as deficiências, e passar a ser feita pelo desenvolvimento individual, onde se analisa a mudança de participação de cada aluno nas atividades.

Com essa necessidade de mudanças significativas na prática docente, é natural que surjam resistências por parte dos(as) professores(as). Como enfatizam Borges *et al.* (2012), a rejeição do(a) professor(a) à inclusão se dá devido a sua sensação de não estar preparado para enfrentar esse desafio. Sampaio e Sampaio (2009) entendem que muitos professores consideram que a inclusão é uma utopia, devido à realidade da escola pública atual; muitos deles consideram que as mudanças podem romper com o esquema de trabalho que dominam.

Todo processo de mudança, quer seja a integração ou a inclusão, vai desestabilizar o(a) professor(a) que está acostumado com uma prática que afasta os(as) alunos(as) com necessidades educacionais especiais, pois "as inovações educacionais abalam a identidade profissional e o lugar conquistado pelos professores em uma dada estrutura de ensino, atentando contra a experiência e os conhecimentos já adquiridos" (Sampaio; Sampaio, 2009, p. 45).

Devido a insegurança e a uma possível rejeição de mudanças significativas de muitos professores, quando se pretende a implementação, tanto as perspectivas integradoras quanto inclusivas, se defende a formação de professores como fundamental. Sampaio e Sampaio (2009) justificam a importância da formação quando se pretende implantar a educação inclusiva, pois esta exige a revisão de valores e atitudes, e a desconstrução de modelos, desestabilizando e interferindo na vida profissional do docente. Borges *et al.* (2012) destacam que o professor para trabalhar na perspectiva inclusiva deve estar aberto(a) a aprender e a inovar, sendo necessária uma formação permanente, o que consideramos que vale também para a adoção da perspectiva integradora.

A formação de professores(as) para trabalhar com alunos com deficiências educacionais especiais no Brasil ainda é muito deficitária. Segundo o documento da PNEE 2020,

> O Censo Escolar de 2019 mostrou que cerca da metade (1,26 milhão) dos professores da educação básica tem a oportunidade de atuar junto ao público-alvo da educação especial, no entanto é irrisório o número daqueles que têm alguma formação continuada na área (5,8%, conforme a Figura 5), e menos da metade dos professores que atuam no atendimento educacional especializado (42,3%, conforme a Figura 6) tem formação continuada para tal atuação (Brasil, 2020, p. 52).

Reconhecendo essa deficiência, os documentos da PNEE, tanto o de 2008 quanto o de 2020, mesmo com perspectivas diferentes, dão grande importância para a formação de professores. A PNEE 2008 indica como um dos seus objetivos a "formação de professores para o atendimento educacional especializado e demais profissionais da educação para a inclusão" (BRASIL, 2008, p. 14). Nota-se que o foco, mesmo nessa perspectiva que se diz inclusiva, é na formação de professores especializados que terão como função identificar, elaborar e organizar recursos pedagógicos e de acessibilidade que possibilitem a inclusão dos alunos com necessidades educacionais especiais. O professor das turmas regulares está, nesse documento, incluído nos demais profissionais. Mesmo assim, como mostra Kassar (2014), foram feitos vários programas de formação de professores, como, por exemplo, o Educação Inclusiva: Direito à Diversidade em 2012, que formou 80 mil professores.

Já no PNEE 2020 é dado um destaque à formação e qualificação de professores para atuação na educação especial, sendo que estes devem ser priorizados nos cursos de formação continuada da área de educação especial. Para os demais profissionais da educação (professores, técnicos e gestores), o documento defende que se incluam na sua formação

> [...] conteúdos gerais e específicos da educação especial e conhecimentos de gestão dos sistemas educacionais equitativos, inclusivos e com foco no aprendizado ao longo da vida para melhoria das práticas e resultados dos educandos da educação especial nas escolas regulares inclusivas, nas escolas especializadas e nas escolas bilíngues de surdos (Brasil, 2020, p. 93).

A opção pela prioridade na formação dos(as) professores(as) para a educação especial pode ser compreendida em um quadro comparativo, entre a educação especial, que ela adota, e a educação inclusiva, apresentado no documento. Em relação à formação dos(as) professores(as), ele afirma que na educação especial os "Profissionais especializados são necessários para suprir a demanda com elevado nível de qualificação" (Brasil, 2020, p. 18). Já na educação inclusiva, "Todos os profissionais devem receber alguma formação para adequar-se às necessidades de todos os educandos que forem recebidos nas escolas comuns inclusivas" (Brasil, 2020, p. 18). O documento afirma também "que há imensos desafios a serem enfrentados para a disponibilização de professores com formação continuada adequada para atuar nos processos de ensino-aprendizagem de tais educandos" (Brasil, 2020, p. 24). Entendemos que, apesar dos imensos desafios, a formação de todos os profissionais da educação para o trabalho com os(as) alunos(as) com necessidades educativas especiais é fundamental para que estes possam ser efetivamente incluídos nas escolas.

Segundo Kassar (2014), mesmo o governo considerando crucial para a implantação da política educacional adotada, as pesquisas sobre a formação continuada têm apontado precariedades e limitações nos cursos de formação direcionados à educação especial, sendo esses cursos, em geral, oferecidos por instituições privadas, ou em instituições públicas de modo não presencial ou por multiplicadores. Consideramos que esse cenário pouco mudou com a mudança de política educacional de 2020.

Receber na sala de aula alunos(as) que apresentam necessidades educacionais especiais é uma situação muito desafiante, não importando se o(a) professor(a) é novato ou veterano. Adequar seu trabalho aos vários estilos e ritmos de aprendizagem, como defende a Declaração de Salamanca, não é uma tarefa simples. Da mesma forma, na perspectiva da integração, ter de ministrar atividades desenvolvidas por outros, ou conviver com um Acompanhante Especializado executando essa tarefa, muda a rotina e altera o controle sobre as atividades que o(a) professor(a) costuma ter nas turmas regulares. Por esse motivo, a formação continuada e um sistema de suporte ao(à) professor(a) são fundamentais para fazer com que ele tenha mais segurança em seu cotidiano na escola. As equipes multiprofissionais, de que fala a PNEE 2020, são importantes no planejamento e no suporte ao professor das disciplinas especificas, como a Matemática, pois ele não precisa ser, nem parece ser possível que seja, especialista nas várias deficiências que podem estar presentes na escola.

## 5.4. Conclusão

Como vimos a relação com as pessoas com deficiências ao longo da história variou muito, diferentes grupos tiveram práticas distintas como o banimento, o extermínio, o acolhimento, a integração ou a inclusão. Na sociedade ocidental a integração e a inclusão ganham impulso apenas a partir da segunda metade do século XX. No Brasil, esse processo se dá de forma ainda mais lenta, aqui, por exemplo, ainda se veem poucas políticas de inclusão desse grupo na sociedade, os equipamentos públicos só recentemente começaram a ser adequados para pessoas com deficiências de locomoção e visuais, e nas escolas, como vimos, a discussão sobre a inclusão desse público no sistema educacional, além de recente, ainda não está bem estabelecida como uma política de estado, com mudanças significativas em função de trocas de governos.

No Brasil o que observamos é que a escola inclusiva não se efetivou na prática, ou seja, ao observarmos as escolas aqui, com poucas exceções, não encontramos práticas inclusivas. O que se encontra, em geral, são alunos e alunas com deficiência inseridos em salas de aula normal, sem apoio, ou, quando tem um Acompanhante Especializado, este nem sempre é qualificado, como mostra o documento do PNEE 2020. A discussão sobre a implementação de um sistema educacional inclusivo vinha ganhando forma nas políticas públicas do início dos anos 2000 e tem como marco importante o PNEE 2008, que, apesar de ainda admitir atendimento em separado em salas e escolas especiais, colocava a inclusão na sala regular como foco. O PNEE 2020, porém, provoca uma mudança significativa de rumos defendendo a Educação Especial, que favorece o atendimento especializado individualizado, de certa forma retornando às políticas anteriores às do final do século XX. Essas mudanças de perspectiva impactam diretamente o cotidiano das escolas, gerando descontinuidade nos projetos pedagógicos, além de gerar muita insegurança aos profissionais da educação.

A falta de uma formação adequada e de diretrizes consolidadas no atendimento dos(as) alunos(as) com necessidades educacionais especiais gera muitas distorções. Um exemplo pode ser visto em Herthel (2018), onde a autora mostra que em uma escola que tinha a intenção de ser inclusiva, uma criança com necessidade especial, portadora de síndrome de Down, apesar de compartilhar da mesma sala de aula, não participava das atividades que a professora propunha para a turma. Ela tinha uma programação em separado que era organizada e ministrada pela Acompanhante Especializada, que acompanhava a estudante em todos os momentos, inclusive no intervalo. Neste caso, não há uma inclusão da aluna, pois, apesar de integrada fisicamente a uma turma regular, não se pode considerar que ela fazia parte dela, pois vivia em uma realidade paralela na sala. Em situações como esta, o(a) professor(a) da turma não se sente responsável pela aprendizagem do(a) aluno(a) com necessidades educacionais especiais, pois o ensino está a cargo da Acompanhante, a responsabilidade dele é sobre os demais.

O documento da PNEE 2020 defende que

> Os professores da educação especial devem atuar em parceria e articulação com as equipes de profissionais das escolas e com as equipes multiprofissionais e interdisciplinares para que atinjam mais elevados resultados nos processos de desenvolvimento e aprendizagem dos educandos (Brasil, 2020, p. 84).

Essas equipes de profissionais, porém, não existem nas escolas públicas, o que se vê, em geral, são professores(as) recebendo alunos com necessidades educacionais especiais sem estarem qualificados, tendo de buscar alternativas de trabalho por conta própria, ou pior, esses alunos terem o seu direito à educação negado.

Entendemos que o estabelecimento de uma política educacional em relação aos(às) alunos(as) com necessidades educacionais especiais deve ser uma política de estado e não de governo, ela deve refletir as necessidades e os interesses da sociedade e deve ter uma estabilidade a longo prazo para que os projetos possam se consolidar. Hoje, temos uma tendência de crescimento no número de matrículas de alunos(as) com necessidades educacionais especiais em escolas regulares em todo o país (Kassar, 2014), porém existe uma concentração deles(as) nos anos iniciais, sendo poucos os que estão na série adequada à sua idade. Esse cenário nos mostra que, mesmo com um significativo aumento na aceitação das pessoas com necessidades educacionais especiais em nossa sociedade, a inclusão delas ainda não é efetiva.

Nesse cenário cabe ao(à) professor(a), em particular ao de Matemática, conhecer as duas perspectivas que têm dominado as discussões no Brasil, a integração e a inclusão, buscando ter uma ideia sobre legislação e sobre onde buscar informações que lhe permitam trabalhar com os(as) alunos(as) com necessidades educacionais especiais. Entendemos que essa busca de informação deve se dar por demanda, para atender as necessidades dos(as) alunos(as) quando elas se apresentam.

Capítulo 6

# A AVALIAÇÃO DA APRENDIZAGEM NO ENSINO DE MATEMÁTICA

A BNCC aponta que o "conhecimento matemático é necessário para todos os alunos da Educação Básica, seja por sua grande aplicação na sociedade contemporânea, seja pelas suas potencialidades na formação de cidadãos críticos, cientes de suas responsabilidades sociais" (Brasil, 2018, p. 265). Seu ensino está presente em todos os anos da educação básica e talvez seja a única área de conhecimento que tem alguns de seus conteúdos estudados em todo o mundo (D'Ambrosio, 1995).

Contudo, mesmo estando presente há muito tempo em quase todos os sistemas escolares do mundo, o estudo da matemática provoca inquietudes e controvérsias, dificilmente há indiferença nas relações dos estudantes com essa área. Algumas características e situações da história de seu ensino podem ser apresentadas para explicar isso. Um exemplo de forma de ensino que gera dificuldade a grande parte dos estudantes é o ensino tradicional realizado no Brasil, que, usando Paulo Freire, pode ser classificado como educação bancária.

O conhecimento matemático que é levado às escolas ainda é fortemente influenciado pelo raciocínio lógico-dedutivo, organizando-se com uma linguagem própria a partir da língua materna e da criação de simbologia específica, tomando como principal critério de verdade os axiomas, teoremas e as demonstrações. Outras formas de conhecimento matemático, que poderiam ficar mais próximas dos estudantes, ainda são pouco frequentes nos anos finais do ensino fundamental e no ensino médio.

O ensino de matemática é marcado historicamente pela ideia de área de conhecimento difícil ao entendimento e responsável por reprovações. Essa percepção da disciplina faz com que os professores(as) de Matemática, e os(as) estudantes que têm bons resultados nela, sejam vistos como inteligentes (às vezes até como gênios), legitimando a ideia de que as avaliações devam ser exigentes e rigorosas, para poder identificar os que são "bons alunos". Na história da educação em nosso país a matemática é citada como a principal responsável por reprovações, evasões e até pela escolha de carreiras que aparentemente não exijam o seu conhecimento, para, assim, se evitar conviver com essa área de conhecimento. O público, que aprecia e tem facilidade com ela, costuma ser em número minoritário e ter sucesso escolar.

No sentido de explicitar o papel social da matemática, a BNCC destaca a importância de que o seu ensino tenha compromisso com o desenvolvimento do letramento matemático, que é a capacidade individual de formular, empregar e interpretar a matemática em diversos de contextos, reforçando o seu papel em favorecer a formação de "cidadãos construtivos, engajados e reflexivos possam fazer julgamentos bem fundamentados e tomar as decisões necessárias" (Brasil, 2018, p. 266). Esse letramento matemático está baseado no desenvolvimento de "competências e habilidades de raciocinar, representar, comunicar e argumentar matematicamente, de modo a favorecer o estabelecimento de conjecturas, a formulação e a resolução de problemas em uma variedade de contextos, utilizando conceitos, procedimentos, fatos e ferramentas matemáticas" (Brasil, 2018, p. 266). Além disso, ele pode proporcionar que os alunos reconheçam que os conhecimentos matemáticos são "fundamentais para a compreensão e a atuação no mundo e perceber o caráter de jogo intelectual da matemática" (Brasil, 2018, p. 266), o que pode favorecer o desenvolvimento do raciocínio lógico e crítico, e estimular a investigação.

Segundo a BNCC, o desenvolvimento das habilidades está relacionado com as formas de organização da aprendizagem. Dessa forma, os processos matemáticos de resolução de problemas, de investigação, de desenvolvimento de projetos e da modelagem devem ser privilegiados nas atividades matemáticas, sendo ao mesmo tempo o objeto e estratégia para a aprendizagem, fundamentais para o desenvolvimento de competências fundamentais para o letramento matemático e para o desenvolvimento do pensamento computacional (Brasil, 2018).

Nesse cenário apontado pela BNCC, o desenvolvimento de competências e habilidades é fundamental, e, para verificar se esse objetivo está sendo atingido, as avaliações são fundamentais.

A avaliação da aprendizagem desempenha um papel essencial nas relações que se estabelecem com a matemática na escolarização, sejam elas baseadas nas competências ou não, assim todo(a) professor(a) terá de elaborar uma proposta de avaliação de aprendizagem para os seus alunos. Portanto, ter uma clareza sobre a temática é absolutamente necessário à docência.

Maria Teresa Esteban assim define a avaliação:

> Processo intencional e sistemático de coleta, análise e interpretação de informações sobre conhecimentos, capacidades, atitudes e processos cognitivos dos sujeitos, em que se estima o valor ou mérito desses processos e/ou resultados, com a finalidade de produzir conhecimento para orientar a tomada de decisões relativas ao processo educacional ou a políticas educacionais (Esteban, 2010, Verbete).

A seguir discutiremos um pouco sobre algumas perspectivas e modelos de avaliação e apresentaremos alguns tipos de instrumentos avaliativos, porém com foco nas avaliações internas às aulas de matemática.

## 6.1. Entendimentos sobre a avaliação da aprendizagem[13]

Avaliar é uma prática comum em nosso cotidiano, por exemplo, quando vamos comprar um produto, ou cozinhar, avaliamos. No primeiro caso verificamos, entre outras coisas, a qualidade do produto, o seu preço, as condições de pagamento; no segundo, se o sabor nos agrada e o que deve ser corrigido. Na compra temos um comportamento seletivo e excludente, verificamos o que é melhor e rejeitamos os demais; ao cozinhar, a avaliação visa melhorar a qualidade do que se está produzindo, prova-se a comida para corrigir os sabores e adequá-los ao que pretendíamos. Na escola, a ideia de avaliar, em geral, é a de acompanhar o desenvolvimento da aprendizagem dos(as) estudantes e fornecer informações para verificar se os objetivos estão sendo atingidos, não só do aluno, mas também da escola e do sistema, além de fornecer elementos para que o(a) professor(a) reveja constantemente seu planejamento.

Por outro lado, não raramente se encontra, principalmente para os estudantes, a visão de avaliação associada à ideia de punição, ou constrangimento. Muitos estudos tentam desvelar porque esse ato, que é cotidiano em todas as escolas, pode ter essa percepção por parte dos estudantes, porém o que eles mostram, em geral, é que são as concepções que sustentam essas avaliações que são as responsáveis por gerar esse mal-estar em relação a elas.

Inicialmente, gostaríamos de fazer uma distinção entre dois tipos de avaliação que ocorrem no sistema escolar. Uma é a avaliação externa, que é, em geral, realizada pelos sistemas escolares (ministério ou secretarias de educação), que visa avaliar a escola e o próprio sistema, verificando se os objetivos estipulados foram atingidos, com objetivo de orientar as políticas educacionais. Essas avaliações se dão mediante processos como a Prova Brasil, o Simave em Minas Gerais, o Saresp em São Paulo. Como elas incidem diretamente sobre a escola e o trabalho docente, todo(a) professor(a) deve conhecer como esses processos são realizados

Outra forma de avaliação é a interna, que realizada pelo professor, que visa acompanhar o desempenho dos alunos em suas aulas. É nesse segundo tipo que iremos nos concentrar neste capítulo.

A avaliação é uma prática sistematizada, que é parte essencial das propostas pedagógicas das escolas, sendo realizada de acordo com objetivos e concepções, do professor e da escola, que a orientam, mesmo que isso se de forma implícita. A avaliação, dessa forma, não é um instrumento isolado e não opera por si mesma, ela sempre está inserida em um projeto ou em um conceito teórico, ou seja, a avaliação não é uma atividade neutra ou simplesmente técnica, ela sempre é condicionada pelas concepções que fundamentam a proposta de ensino. A avaliação pode então, dependendo da proposta pedagógica, contribuir para a manutenção ou a transformação social.

De forma simplificada, podemos dizer que existem duas grandes concepções sobre a avaliação da aprendizagem: a tradicional e a formativa. São visões diferenciadas, muitas vezes dicotômicas de avaliação, que, de certa forma, estão em disputa por uma hegemonia nas práticas escolares.

A visão tradicional (aparece com muitas denominações, como liberal, conservadora, somativa, ou por exames) tem hoje como base teórica a perspectiva positivista; a visão formativa (também denominada progressista, mediadora, democrática, dialética, ou avaliação de aprendizagem) é orientada, em geral, por uma perspectiva histórico-crítica.

Nesse sentido, Romão (1999, p. 58) afirma:

> Com relativo risco reducionista ou de simplificação exorbitante, de maneira geral, podemos reduzir as concepções de avaliação a dois grandes grupos – evidentemente referenciadas em duas concepções antagônicas de educação. Estas, por sua vez, referenciam-se nas visões de mundo positivista ou dialéticas, isto é, buscam seus parâmetros em cosmovisões que entendem o universo e as relações que nele se travam como estruturas ou como processos.

Segundo Luckesi (2013), a avaliação tradicional, baseada em provas e exames, teve sua origem junto com a escola moderna, por volta dos séculos XVI e XVII, com a consolidação da sociedade burguesa, prosseguindo como forma hegemônica até o final do século XX. Apesar de existirem registros anteriores, como os exames de seleção de militares chineses 3.000 anos antes da era cristã, a maneira como essa forma de avaliação é conhecida hoje se estruturou principalmente a partir das escolas jesuítas, no final do século XVI, e da pedagogia protestante, no início do século XVII, visando atender necessidades sociais da burguesia emergente (Luckesi, 2013). A necessidade de estruturar uma forma de avaliar surge com a escola moderna, que substitui um ensino quase que individualizado por um ensino em grupos de alunos por um único professor. Dessa forma, ele tinha como objetivo determinar se o estudante aprendeu o que lhe foi ensinado, além de servir de recurso de controle disciplinar. Como consequência, decidia a vida escolar dos estudantes, classificando-os em aptos, ou não, para as funções que a sociedade deles demandava.

A escola, bem como toda a sociedade, mudou muito nesse período, porém, como afirma Luckesi (2013), o cerne da ideia tradicional de avaliação se consolidou, impactando ainda hoje a forma de conduzir o processo de acompanhar a aprendizagem dos nossos educandos.

Esteban (2010) define a "avaliação como medida" como a perspectiva mais difundida, ela reduz o conhecimento a fatos e dados empíricos, sendo realizada com aplicação de testes para aferir aquisição de aprendizagem com rigor e objetividade; esta avaliação se pretende neutra, medindo o rendimento dos avaliados, servindo de referência para a classificação (Esteban, 2010).

Na concepção tradicional a avaliação tem como objetivo medir o *quantum* de conhecimento adquirido pelo aluno, sendo vista como uma ação docente neutra e objetiva. Vários estudos vão discorrer sobre essa concepção (Hoffmann, 1992, 2003; Franco, 1994; Romão, 1999; Luckesi, 2005; Demo, 2002; Veiga, 2005; Villas Boas, 2008; Viana, 2015) e observar que o instrumento privilegiado é a prova "objetiva". Mesmo que se utilizem concomitantemente outros instrumentos de avaliação, como a resolução de exercícios, a avaliação tradicional os valida como as provas objetivas. Na parte final do capítulo, discutiremos sobre diversos instrumentos de avaliação.

Conforme aponta Viana (2015, p. 178), na prática, "a avaliação não tem sido utilizada como instrumento de aprendizagem, mas como fim em si mesma" e afirma:

> O teste é entendido como instrumento de constatação e mensuração que não tem, portanto, por objetivo a investigação. No entanto, pela incompletude, não permite por si

só perceber o desenvolvimento do aluno. Assim, presta-se apenas ao controle, visando selecionar, servindo, portanto, para incluir alguns e excluir outros (Viana, 2015, p. 179).

Hoffmann (2003) esclarece que muitos fatores dificultam a superação da avaliação tradicional como prática, destacando a crença dos educadores "na manutenção da ação avaliativa classificatória como garantia de um ensino de qualidade" (Hoffmann, 2003, p. 11). Para a autora, não só dos(as) professores(as), mas "a crença de toda sociedade e que transparece em noticiários de jornais e da televisão, nos comentários de pessoas pertencentes a diferentes níveis sociais ou categorias profissionais" (Hoffmann, 2003, p. 11).

Nessa perspectiva, Hoffmann (2003, p. 22) salienta:

> [...] as notas e as provas funcionam como redes de segurança em termos de controle exercido pelos professores sobre seus alunos, das escolas e dos pais sobre os professores, do sistema sobre suas escolas. Controle esse que parece não garantir o ensino de qualidade que pretendemos, pois as estatísticas são cruéis em relação à realidade das nossas escolas.

No caso da Matemática, essa visão tem ainda mais força, devido à crença de que, por ser a matemática uma "ciência exata", portanto estritamente organizada, conhecê-la significa então repetir de forma precisa os seus conceitos e procedimentos.

Garnica (2008), em um ensaio sobre as concepções de professores de matemática, afirma que

> [...] os professores muito frequentemente avaliam/classificam seus alunos pela "falta" de alguns conteúdos matemáticos que, segundo seus pontos de vista, já deveriam estar "armazenados", "disponíveis para uso". Essa postura parece refletir a valorização da precedência lógica dos conteúdos, de sua linearidade e encadeamento tidos como indiscutíveis (Garnica, 2008, p. 505).

Segundo o autor, essa forma de conceber o ensino de matemática como dependente de uma ordem, que requer habilidades prévias para se apreender novos conceitos, implica, frequentemente, a utilização de metodologias que favorecem estratégias como as aulas expositivas, a repetição de atividades e a memorização de procedimentos.

Segundo Lins (1999), muitas pessoas acreditam que a avaliação por provas avalia realmente o que a pessoa aprendeu, isto porque essas pessoas, em geral, consideram que o conteúdo a ser ensinado está dado, pela Matemática, e na prova o aluno mostra que o assimilou e que é capaz de utilizá-lo. Assim sendo, cabe ao professor verificar se o aluno atingiu os estágios que estavam previstos para a sua etapa de escolarização. Para Lins, essa perspectiva parte do pressuposto de que "somos todos iguais", o que legitima a ideia de que se um(a) aluno(a) aprendeu por um método, outro aprenderá se tiver aptidão. A avaliação nessa perspectiva é feita pela falta, se uma pessoa ainda não domina uma habilidade é porque ainda falta algo em seu desenvolvimento. Podemos acrescentar que, quando se avalia pela falta, está se comparando o(a) estudante com um padrão preestabelecido externamente, desconsiderando o que foi efetivamente desenvolvido por ele, além das atividades e interações desenvolvidas em sala de aula.

Destaca-se ainda, conforme diz Sales (2002), que existem sinais de haver conivência dos estudantes e familiares com a avaliação tradicional na sua função classificatória, mostrando sua força alienante e opressora. Isso pode ser visto, segundo a autora, na nota como um elemento de motivação dos alunos, suas famílias e dos profissionais da escola; só o aluno é avaliado, sendo que o sucesso ou fracasso é a ele atribuído, como se o(a) professor(a), a escola e o sistema educacional não tivessem um papel nesse processo. O bom resultado nas avaliações, nessa lógica, é um triunfo pessoal, motivo de distinção. Nesse sistema é o(a) professor(a) que avalia, tendo a prova escrita como o principal instrumento de verificação do domínio do conteúdo, comparando a nota obtida entre todos os alunos de uma mesma turma, tendo como referência um objetivo e um padrão por ele determinado, em consonância com a proposta curricular da escola.

Por fim, a autora destaca o uso desta forma de avaliação como um instrumento de poder, mecanismo regulador da disciplina na sala de aula. "Afinal, se não a avaliação o que motivará os alunos para a atenção às aulas, para a resolução das tarefas e a convivência pacífica com o(a) professor(a)/avaliador(a)?" (Sales, 2002, p. 76). Luckesi (2005) aponta que muitos professores utilizam a avaliação como instrumento de tortura, pressão e controle, usando a força desse instrumento para punir o comportamento que ele julga inadequado, buscando obter disciplina e participação, contribuindo, assim, para a alienação dos estudantes.

Como constata Esteban (2004, p. 86), apesar de muito criticada, a avaliação tradicional ainda é predominante na educação brasileira. No caso do ensino de Matemática, entendemos que sua preponderância seja ainda maior, sendo a prova objetiva o seu principal, ou quase exclusivo, instrumento de avaliação.

Vários autores defendem que a avaliação tradicional deve ser superada, porém isso não quer dizer que ela não tem lugar e que seus instrumentos não devem ser utilizados. Luckesi (2005) considera que, em situações em que é necessária a classificação, como em concursos, ou que requerem certificação de conhecimento, essa forma de avaliar tem sentido. Porém, na sala de aula do ensino regular, vários autores, como Luckesi (2005) e Demo (2004), consideram que essa forma de avaliação não tem capacidade de captar a complexidade dos processos, que são muito mais relevantes que os produtos.

Segundo Demo (2004), não se pode reduzir os complexos e abrangentes processos que ocorrem na sala de aula a produtos, pois a realidade não pode ser reduzida apenas às manifestações empiricamente mensuráveis. Apesar da tradição cientifica privilegiar o tratamento mensurado da realidade, criando assim metodologias e instrumentos para compreendê-la, não se deve transferir para a educação essa limitação, deve-se assim orientar a avaliação para os processos e não para os produtos.

Luckesi (2013) considera que a avaliação de aprendizagem, na forma que aqui estamos chamando de formativa, surge apenas partir de 1930 com Ralph Tyler, que a indicou como parte do cuidado que os educadores necessitam ter com a aprendizagem dos seus educandos. Para Luckesi (2005), na avaliação em sala de aula o que deveria predominar é sua capacidade de acompanhamento e reorientação da aprendizagem e não a de classificar. Para ele, essa forma de avaliar pode alterar a forma de trabalhar do professor, apontando para novas propostas e estratégias didáticas, mais adequadas à aprendizagem do aluno. Dessa forma, a avaliação passa a ter um importante papel também para o(a) professor(a) na percepção sobre seu trabalho, e para o(a) estudante passa a ter a função de levá-lo a tomar consciência de suas ações e ter uma percepção crítica da progressão de seu aprendizado.

Os estudos que apresentam a avaliação no sentido formativo trazem a ideia da mediação, do compromisso do(a) educador(a) com a construção do conhecimento pelo educando, na valorização das práticas de investigação, de contextualização, de situar o aluno e suas famílias nos processos de aprendizagem que se desenvolvem (Sousa, 1994; Luckesi, 2005; Hoffmann, 1992, 2003, 2005; Villas Boas, 2005, 2006, 2008; Buriasco, 1999; Fischer, 2008).

Nessa visão formativa, a avaliação proposta pelo docente é entendida como um componente do processo de ensinar e aprender.

> A avaliação é a reflexão transformada em ação. Ação, essa, que nos impulsiona a novas reflexões. Reflexão permanente do educador sobre sua realidade, e acompanhamento, passo a passo, do educando, na sua trajetória de construção do conhecimento. Um processo interativo, através do qual educandos e educadores aprendem sobre si mesmos e sobre a realidade escolar no ato próprio da avaliação (Hoffmann, 1992, p. 18).

Nessa linha, Esteban (2010) define a avaliação como processo crítico e reflexivo, que prioriza a compreensão dos processos cognitivos, conferindo especial relevância aos ritmos individuais, e privilegia o diálogo nas relações formativas. Segundo a autora, a avaliação formativa também

> Direciona-se à ampliação dos conhecimentos dos sujeitos, articula-se à compreensão e realização da dinâmica pedagógica, busca favorecer a interação e se compromete com o desenvolvimento da autonomia. Suas finalidades podem se resumir como: a) orientar a busca dos momentos e modos oportunos de intervenção docente para fomentar a aprendizagem de todos; b) oferecer aos sujeitos elementos que os levem a tomar consciência de sua própria aprendizagem e a assumir sua responsabilidade por ela (Esteban, 2010).

Para o(a) professor(a), a avaliação da aprendizagem, nessa perspectiva, situa o ensino, suas estratégias pedagógicas, e referência novas ações. Dessa forma, a proposta de avaliação da aprendizagem precisa ser claramente apresentada ao(à) educando(a) para que ele(a) possa se situar nas exigências que serão feitas e, ainda, compreender como deve orientar suas ações. Importante, ainda, que os instrumentos sejam múltiplos, como provas, trabalhos, exercícios, investigações, projetos, atividade feita em casa, entre outros.

> Nesse enfoque, desponta como finalidade principal da avaliação o fornecer sobre o processo pedagógico informações que permitam aos agentes escolares decidir sobre as intervenções e redirecionamentos que se fizerem necessários em face do projeto educativo definido coletivamente e comprometido com a garantia da aprendizagem do aluno. Converte-se então em um instrumento referencial e de apoio às definições de natureza pedagógica, administrativa e estrutural, que se concretiza por meio de relações partilhadas e cooperativas (Souza, C. P, 1994, p. 46).

Deve-se destacar que não é o tipo de instrumento que define a avaliação, mas sim a perspectiva adotada. Mesmo se utilizando uma prova objetiva, que é um instrumento típico da avaliação tradicional, pode-se fazer uma avaliação formativa, basta, para tanto, não tomar o resultado como uma medida final do que os alunos sabem, mas sim usá-lo como fonte de informação sobre como está o processo dos alunos e reorientar o trabalho a partir dos erros observados.

Como afirma Pinto (2008), no estudo sobre os exames de admissão no Brasil, a avaliação da aprendizagem é uma tarefa complexa, que exige não só o olhar para os resultados objetivos das provas, mas olhar os processos utilizados por esse aluno, consultando seus registros escritos.

Segundo os PCN (Brasil, 1998, p. 54),

> Cabe à avaliação fornecer aos professores de Matemática as informações sobre o que está ocorrendo na aprendizagem: os conhecimentos adquiridos, os raciocínios desenvolvidos para que ele possa propor revisões e reelaborações de conceitos e procedimentos ainda parcialmente consolidados

Ao se adotar a perspectiva formativa de avaliação, é muito importante manter uma intensa interação entre professor(a) e estudantes. Uma estratégia interessante para manter essa interação é dar constantemente um retorno (*feedback*) sobre o desempenho dos estudantes nos instrumentos de avaliação. Esse retorno possibilitará que o aluno acompanhe seu desenvolvimento, reflita sobre as tarefas realizadas, compreendendo seus possíveis erros e reorientando seu processo de estudo. Nem sempre, ao se dar o retorno das atividades avaliativas, se obterá o resultado esperado, é importante que se crie um ambiente favorável para que os alunos compreendam a importância de se refletir sobre suas respostas. Uma estratégia interessante e que pode ajudar nesse processo é a prova em fases que detalharemos mais à frente. Outro ponto importante é que o aluno perceba que o seu erro vem, em geral, de uma inadequação ao que era esperado e não de uma incapacidade, ou a constatação de um fracasso, para tanto o retorno do professor não pode se restringir a informar o que está certo e errado, ele deve servir de orientação para que o(a) estudante possa compreender seu erro e buscar soluções melhores. Essa reflexão sobre o erro pode possibilitar que o aluno reflita sobre os conceitos e procedimentos, melhorando sua compreensão sobre eles.

Devemos destacar que, nesta forma de avaliação, o erro assume um novo papel, deixando de ser sinal de fracasso, passando a ser uma importante fonte de informação sobre o desenvolvimento da aprendizagem e, portanto, deve ser analisado com muita atenção. Como aponta Luckesi (2005), tanto os erros como os acertos, que ocorrem em relação a um padrão estabelecido, podem ser utilizados na avaliação. Os erros servem como ponto de partida, quando identificados e compreendidos, para o avanço, ou seja, para se buscar a sua superação, corrigindo as compreensões divergentes ao padrão estabelecido.

A avaliação formativa, que possibilita uma maior interação entre professor(a) e estudantes, além de favorecer uma percepção da avaliação como um instrumento que pode contribuir para uma melhoria no ensino e na aprendizagem, rompe com o que Luckesi (2005) chama de avaliação da culpa, que é utilizada somente para classificar e excluir. Segundo o autor, a avaliação do rendimento escolar deve ser marcada pela necessidade de uma nova cultura sobre a avaliação, que vá além dos limites das técnicas e normas preestabelecidas, combinando em sua dinâmica a dimensão ética e a interação entre os envolvidos.

### 6.2. O(a) estagiário(a) e a avaliação da aprendizagem

Observar atentamente as práticas avaliativas na escola do estágio é um meio bem interessante de pensar a avaliação, procurar perceber os processos ali desenvolvidos e vivenciados pelos estudantes, compreender se os(as) estudantes estão cientes de como serão avaliados e se eles têm consciência de que é possível por meio dela obter informações sobre suas próprias possibilidades e dificuldades, ou se percebem a avaliação apenas como um instrumento de classificação e punição. Um importante exercício no período de estágio é refletir sobre como o professor(a) observado(a) avalia e quais são suas concepções sobre a avaliação, além disso, pensar alternativas aos instrumentos que foram por ele(a) propostos, bem como buscar elaborar instrumentos que sejam adequados para avaliar os alunos observados.

Refletir sobre os processos avaliativos vivenciados durante a Licenciatura também se mostra como uma importante forma de pensar e planejar como será sua perspectiva de avaliação como futuro(a) professor(a), pois necessariamente uma proposta de avaliação de aprendizagem terá de ser apresentada em sua ação futura como docente.

Entendemos, como Villas Boas (1998), que estudar sobre a avaliação da aprendizagem, vivenciar a avaliação da aprendizagem do ponto de vista formativo, é tarefa importante da disciplina Didática Geral e de demais disciplinas pedagógicas, mas deveria estar necessariamente presente em todas as disciplinas e atividades didáticas de todo e qualquer processo formativo docente.

A partir da própria experiência como estudante da escola básica e da universidade/instituto, o(a) estagiário(a) pode refletir sobre algumas interrogações, como, por exemplo: qual o significado da avaliação para os estudantes de Licenciatura em Matemática? Eles relacionam as práticas de avaliação como parte integrante das práticas de ensino e aprendizagem? O que estão aprendendo sobre avaliação com os professores(as) supervisores(as)? Estão os(as) futuros(as) professores(as) sendo preparados para realizar um processo de avaliação qualitativo na educação básica?

### 6.3. Instrumentos de avaliação formativa da aprendizagem

O(a) professor(a) pode utilizar diversos instrumentos para a avaliação da aprendizagem, na perspectiva formativa. A diversificação de instrumentos é importante porque possibilita o uso de várias vias, com várias linguagens, de modo a favorecer a diversidade de possibilidades de seus estudantes. Alguns podem possuir mais facilidade de falar, outros de escrever, outros de ir buscar informações a partir de sua curiosidade.

Considera-se essencial informar aos estudantes a proposta de ação e de avaliação que se fará, pois isso facilitará que ele se organize para atuar conforme o esperado ou a demanda de conhecimento que se fará. Junto a isso, no dia a dia, escrever no quadro a proposta de ordem dos assuntos e proposições, preparadas pelo docente, é de grande valia para situar os(as) estudantes.

Apresentamos a seguir algumas ideias de instrumentos de avaliação da aprendizagem, instrumentos esses que podem ser articulados uns aos outros.

#### 6.3.1. Prova

A prova é um instrumento de avaliação da aprendizagem instituído historicamente para verificar a aquisição do conhecimento pelo estudante. Trata-se de um instrumento que, em geral, é composto de questões, propostas aos estudantes, que devem ser resolvidas, normalmente, por escrito, de forma individual e sem consulta. Ela trata dos assuntos estudados imediatamente antes da sua aplicação, sendo posteriormente corrigida pelo professor, visando verificar o que o(a) estudante é capaz de responder com correção, avaliando se ele os compreendeu, ou desenvolveu as habilidades pretendidas.

As provas, além de serem instrumento de avaliação escolar, também são utilizadas em vários tipos de exames, seja para selecionar e classificar estudantes, por exemplo, visando um nível superior de ensino ou emprego; seja para avaliações de sistemas escolares, como a Prova Brasil. Aqui tratamos exclusivamente da prova no âmbito escolar.

Estudando as práticas avaliativas de professores formadores da Licenciatura em Matemática, Fischer (2008) aponta a preocupação deles, quando da preparação das provas, em apresentar questões para que os alunos expressem seus pensamentos. Essa preocupação pode se expressar de muitas maneiras, por exemplo, na apresentação de questões de prova que envolvam assuntos que não foram ensinados, de modo a fugir da ideia de simples reprodução dos conteúdos estudados. A autora levanta a pergunta se os(as) licenciandos(as) foram preparados(as) para esse tipo de questão durante o curso, ou se são assim exigidos apenas nas provas. Em algumas situações, a introdução de questões não estudadas, quando não são exploradas como modo de perceber a capacidade de expandir os conhecimentos, pode levar à reprovação, além de não contribuir com a avaliação da aprendizagem dos alunos. Por outro lado, se essa estratégia for explorada em atividades avaliativas menos formais, pode contribuir para desenvolver um espírito investigativo nos alunos.

Inserida em uma tradição no ensino escolar de matemática de classificação e seleção de estudantes, a prova tem contribuído para os altos índices de reprovação – e, consequentemente, múltiplas reprovações levam à evasão escolar. Há, de modo geral, a citação da matemática como um conhecimento mais difícil de ser aprendido. Logo, a ideia de prova, que é um elemento central nessa forma tradicional de ensinar, costuma assustar ou criar uma tensão extra na sala de aula.

A prova, como instrumento que compõe a avaliação da aprendizagem no ensino fundamental e médio, pode ser importante para o(a) estudante expressar de forma mais sistemática o conhecimento adquirido. Com ela, pode explicitar ao(à) professor(a) o processo de aprendizagem que está vivendo, além de revelar através dos erros cometidos as lacunas e outros aspectos, que poderão apontar deficiências e orientar as próximas ações de ensino. Assim sendo, a correção da prova deve apontar não somente os erros e acertos, mas indicar as lacunas e orientar as atividades dos(as) estudantes, além ser discutida na sala de aula, tendo o sistema de correção explicitado e as dificuldades gerais apresentadas pelos estudantes retomadas.

Existem muitas formas de prova, como, por exemplo, objetiva, de múltipla escolha, dissertativa, oral, com consulta, em fases, em grupos. Dessa forma, quando estamos falando em prova, estamos falando de diferentes instrumentos de avaliação que podem ser realizados com diferentes perspectivas.

O que comumente se denomina prova objetiva, em matemática, diz respeito a uma prova que contém questões simplificadas, com questões concisas, podendo ser de múltipla escolha ou com questões em que os(as) estudantes devem utilizar procedimentos-padrão, sem margem a interpretações (do tipo efetue, ou resolva). Nesse tipo de prova é sempre bastante claro o que é certo ou errado, não se permitindo ao(à) estudante soluções alternativas. Geralmente, tal tipo de prova busca verificar uma aprendizagem bem sistematizada (como um produto), além de favorecer a tarefa de correção pelo(a) professor(a), não significando necessariamente oportunidade para os(as) estudantes demonstrarem seus conhecimentos. Como muitas vezes esse tipo de prova exige memorização de conceitos e processos, ela pode, em algumas situações, diminuir as chances de bons resultados de alguns alunos.

Muitos defendem esse tipo de prova devido a sua objetividade, pois seria livre de interpretações pessoais; porém, Fischer problematiza essa percepção ao afirmar que

> Mesmo adotando critérios objetivos para a correção, a elaboração do aluno deixará transparecer sua subjetividade, muito comum em determinados tipos de questão, mesmo em matemática. Somem-se a isso os aspectos subjetivos da interpretação que o professor fará da solução apresentada pelo aluno (Fischer, 2008, p. 82).

Concluímos, assim, que a suposta objetividade e simplificação que a prova objetiva proporciona é bastante relativa, podendo até ser um elemento que dificulta a avaliação do desenvolvimento dos alunos. Não estamos, porém, desconsiderando o importante papel que esse instrumento pode ter no processo de avaliação, porém como sendo um dos possíveis e não como único.

A prova de múltipla escolha (que é um tipo de prova objetiva) é uma avaliação bastante sistematizada e objetiva, visando verificar a aprendizagem principalmente quando se trata de grande contingente de estudantes. Ultimamente alguns exames que utilizam o teste de múltipla escolha têm se utilizado de um formato menos sistemático e reduzido, quando apresentam uma situação envolvendo um conjunto de informações, visando a leitura, intepretação, análise e resposta (por exemplo, o Exame Nacional do Ensino Médio – Enem). Este instrumento de avaliação pode favorecer a busca de objetividade na análise de situações, a capacidade de respostas mais imediatas e a vivência de situação de tensão que pode provocar.

Esse tipo de prova também pode ajudar no processo de avaliação diagnóstica dos alunos, como um primeiro instrumento de levantamento de problemas, porém deve-se estar atento ao fato de que não é possível somente por meio dele identificar os procedimentos utilizados pelos alunos, bem como é difícil identificar os problemas individuais sem se utilizar de estratégias sofisticadas de avaliação.

A <u>prova dissertativa</u> (discursiva ou aberta) é, em geral, composta de questões que exigem dos alunos a interpretação, ou a escolha de procedimentos a utilizar. No caso da matemática, ela pode se utilizar de problemas contextualizados, que podem ser do tipo aberto, ou que não apresente de forma explícita os procedimentos a serem utilizados. Esse tipo de prova pode também ter questões em que o aluno deve refletir sobre conceitos estudados, fazendo inferências e estabelecendo relações. Esse tipo de prova é interessante para se verificar a compreensão dos alunos sobre os conceitos, além de permitir que se explore a investigação matemática.

A <u>prova com consulta</u> não tem, em geral, questões diretas de resolução simples, como, por exemplo, se utilizar um procedimento ou dar uma definição. Nela as questões devem ser abertas e amplas, como respostas dissertativas, favorecendo que o(a) estudante busque informações em várias fontes e componha sua resposta a partir de seus entendimentos. Ela favorece a pesquisa, análise e sistematização de informações, bem como a organização das notas de aula e de materiais de consulta.

A <u>prova oral,</u> muito utilizada até os anos 1980, obriga o(a) estudante a se colocar diante do(a) professor(a) e a sala de aula para responder a questões, em geral, objetivas, exigindo conhecimento e desenvoltura. Esse tipo de avaliação, quando feito de maneira formal, constrange os alunos, trazendo grandes dificuldades para os que são mais tímidos. A avaliação oral, quando feita de maneira informal em meio às atividades, pode ser um bom instrumento, pois possibilita que os(as) alunos(as) se expressem de forma oral, explicitando o modo como estão entendendo um conceito ou procedimento.

A prova em fases é um instrumento de avaliação, na perspectiva formativa, que é dividido em partes (as fases), e visa permitir que professores e alunos possam refletir sobre o seu desempenho, possibilitando que reorientem suas práticas ao longo do processo educativo, favorecendo a reflexão e a aprendizagem. Essa forma de avaliação foi sistematizada pelo pesquisador holandês Jan de Lange, que originalmente apresentou a ideia de prova em duas fases. No Brasil esse instrumento tem sido investigado pelo Grupo de Estudos e Pesquisa em Educação Matemática e Avaliação (Gepema) da Universidade Estadual de Londrina (UEL), coordenado pela pesquisadora Regina L. C. Buriasco.

A prova em duas fases consiste em uma primeira fase em que o(a) estudante resolve as questões propostas, de forma escrita, em um tempo limitado, individualmente e sem consulta. Em seguida o(a) professor(a) corrige a resolução fazendo comentários e questionamentos a cada estudante. Na segunda fase o(a) estudante retoma a prova e busca responder os questionamentos do professor e corrigir seus erros. Nesta segunda etapa, em geral, ele(a) terá um tempo maior e poderá fazer consultas, podendo ser realizada na sala de aula, ou em casa. Se espera que nesta segunda fase o(a) estudante melhore as respostas dadas na primeira fase, e que reflita sobre elas, bem como aprofunde certas questões levantadas pelo(a) professor(a). Ao final da segunda prova, o(a) professor(a) vai corrigi-la, levando em conta não só as respostas apresentadas, mas a evolução apresentada entre ambas.

Um aspecto muito importante nesse tipo de avaliação é que os comentários do professor, ao final da primeira fase, devem visar a que o(a) estudante identifique e corrija seus erros. Dessa forma, eles devem orientar esse trabalho, bem como questionar afirmações e procedimentos que parecem não estar bem estabelecidos. Outro aspecto importante é a possibilidade de o(a) estudante rever e, se necessário, corrigir erros e completar resoluções, podendo, assim, perceber a aprendizagem como um processo, que não se encerra com uma prova onde ele tem de comprovar seu conhecimento.

Os trabalhos do Gepema expandem a ideia de fases, passando a trabalhar com diversas formas e números de fases, como em Mendes e Buriasco (2018) ou Pires e Buriasco (2017).

### 6.3.2. Observação

Este instrumento de avaliação consiste em observar uma situação e descrevê-la de forma oral, por escrito em um relatório, em formas artísticas ou gráficas, para apresentação na sala de aula.

A observação abre bastante a possibilidade de se verificar como os estudantes percebem uma situação, apresentando-a de modo escrito (ou oral), podendo envolver cálculo ou uso de dados. Busca-se, assim, favorecer a capacidade de observação e análise, bem como desenvolver formas de comunicação. Como as avaliações de matemática, em geral, se concentram nas operações, estamos aqui destacando outros aspectos importantes que fazem parte da atividade matemática.

A atividade de observação se coloca também sobre práticas de ensino interdisciplinares, abordando temas que envolvem, por exemplo, o tratamento da informação (esportes, dados econômicos e sociais, loteria etc.), o estudo de funções (fenômenos físicos, químicos ou biológicos). A descrição, análise e registro de observações também favorece a escrita e a organização de dados, a modelagem matemática, atividades de grande relevância na vida social.

### 6.3.3. Lista de exercícios

As habilidades de cálculo na matemática são essenciais, potencializam a resolução de problemas e a compreensão de conceitos mais elaborados. Temos no ensino uma tradição de grandes listas de exercícios, muito repetitivos e que, geralmente, assustam os estudantes. As listas devem ser propostas com uma dosagem adequada (que explorem diversas possibilidades do objeto de conhecimento sem muitas repetições). Essas listas podem ser elaboradas se utilizando bancos de questões, livros didáticos, ou mesmo a internet. A proposição e resolução de exercícios são essenciais para se adquirir autonomia de cálculo e podem ser um instrumento de avaliação da aprendizagem, visando verificar se os(as) estudantes estão desenvolvendo as habilidades matemáticas de cálculo. As listas podem inclusive ser utilizadas pelos alunos em processos de autoavaliação.

### 6.3.4. Atividades a serem feitas em casa – estimulando o estudo para além da sala de aula

As atividades "para casa" são também práticas históricas, propostas pelos docentes nas aulas de matemática; seja por considerar insuficiente o tempo de aula para o ensino e a aprendizagem de todo o conhecimento matemático previsto, seja para a fixação de procedimentos. No entanto, vale a pena destacar que a aquisição de conhecimentos não se dá de modo linear, que uma pausa entre a aula e o tempo de casa também pode ser vista como necessária para a aprendizagem, além de em casa o aluno ter acesso a outros recursos, como a internet, que podem ampliar sua interação com o objeto do conhecimento. O para casa também é um instrumento de avaliação da aprendizagem, sempre no entendimento de ser um complemento de estudo.

### 6.3.5. Trabalhos em duplas ou em pequenos grupos

A proposição de atividades avaliativas pode incluir o trabalho em duplas ou grupos, tendo-se atenção especial à participação de cada um na sua execução, que pode se dar na sala de aula ou fora dela, com apresentação envolvendo produção artística.

A atividade em duplas e grupos exige do(da) professor(a) uma postura diferente daquela que possui quando está dando uma aula expositiva: é preciso que valorize as opiniões dos membros da dupla ou o grupo, especialmente não respondendo diretamente perguntas que lhe são feitas, procurando ouvir a todos antes de intervir e servindo de mediador das discussões. Se o(a) professor(a) responder diretamente as perguntas, poderá se sobrepor e dar a entender que um colega não precisa perguntar ao outro, pois é o professor o possuidor das respostas.

A atividade em dupla ou grupo pode estar relacionada com várias metodologias de ensino, como a modelagem matemática, os projetos investigativos, a resolução de problemas, enfim, é uma forma de socialização que tem como base a hipótese favorável de um estudante auxiliar o outro no processo de aprendizagem. Além disso, confere maior dinamicidade à aula.

Sobre a atividade em grupos, existem várias formas de desenvolvê-la, mas chamamos a atenção para a necessidade de verificar se um ou dois estudantes estão sustentando o grupo e deixando alguns sem participar. Há propostas, como as de Cohen e Lotan (2017), onde se estabelecem os papéis de cada um, em rotatividade, de modo que todos têm uma função. Enfim, neste tipo de atividade o que se busca avaliar é a participação dos alunos em uma atividade coletiva, avaliando a contribuição de cada membro do grupo, não só pelo seu domínio de habilidades matemáticas, mas também pela interação que teve na atividade. Deve-se ter claro que nesse processo o produto final é um produto de um grupo de alunos, sendo resultado das interações, e é assim que deve ser avaliado.

### 6.3.6. Participação na sala de aula

A participação na sala de aula é uma análise importante feita pelo(a) professor(a) e devolvida à turma. Essa observação deve se dar sobre a participação geral do(a) aluno(a), quer seja nas atividades individuais ou nas coletivas na sala de aula. O objetivo não é eleger aqueles que são mais desinibidos, mas incentivar a presença ativa em todos os momentos das aulas.

Deve-se destacar que existem diversas formas de participação em uma aula, assim o(a) professor(a) deve estar muito atento para as formas mais silenciosas, bem como não deve forçar os(as) alunos(as) mais tímidos(as) a darem respostas em frente de todo o grupo.

### 6.3.7. Relatório

Trata-se de uma síntese realizada pelo(a) aluno(a), podendo envolver a descrição e reflexão sobre uma experiência ou síntese de um conjunto de atividades.

Como a observação já vista, também o relatório pode ser um instrumento vinculado a outras metodologias, como síntese de trabalhos investigativos ou debates, podendo se apresentar na forma de escrita ou oral. O objetivo do relatório é reportar uma atividade, descrevendo os procedimentos e resultados obtidos.

### 6.3.8. Portifólio

Também chamado de pasta ou arquivo, trata-se de um instrumento que organiza dados de um período de estudos e de produção do(a) estudante.

Os dados podem ser de uma pesquisa, descrevendo as etapas desenvolvidas, o material recolhido e os resultados; pode ser uma pasta contendo o conjunto de trabalhos de um(a) aluno(a) por um ano letivo, ou por etapas, ou um conjunto de tarefas ou relatórios.

O portifólio pressupõe um tempo maior de ensino e aprendizagem, é uma recolha de trabalhos em diversos formatos, com comentários e análises, de modo a compor a exposição de um processo de formação.

Sua organização requer uma proposta (por assunto, por ordem cronológica ou outra), deve ter uma apresentação e espaços para autorreflexão, situando suas aprendizagens, resultados de estudos, de modo que leve os(as) alunos(as) a pensar, organizar informações e dados, podendo repensar processos vividos.

Um portifólio pode conter todos os trabalhos do ano de uma disciplina, compondo ao final uma autoavaliação, mas também pode guardar materiais de uma seleção representativa, na forma de um dossiê, seguido também de uma análise a avaliação de seu propositor(a). Sua apresentação irá permitir a percepção da globalidade de uma produção ao longo de um tempo, que pode ser curto ou longo.

A avaliação do portifólio pode ser apresentada em nota, mas é essencial que se apresente também com comentários e apontamentos do(a) professor(a).

### 6.3.9. Autoavaliação

A autoavaliação é um recurso extremamente rico para que o(a) estudante se coloque diante de seu próprio processo escolar; pode ocorrer de modo oral, na sala de aula, caso seja uma turma bastante interativa; do contrário, melhor que seja por escrito e que mereça, da parte do(a) professor(a) um retorno por escrito, tanto com a correção de texto quanto na indicação de questões não apontadas, sejam elas positivas ou negativas.

### 6.4. A avaliação em atividades investigativas

Algumas atividades podem compor a prática docente e precisam ser avaliadas, mas não oferecem elementos muito claros e concretos, principalmente se precisarem ser reduzidas a notas.

As atividades investigativas podem se dar a partir de um tema ou problema, de forma breves ou mais estruturadas (como a pedagogia de projetos, projetos de trabalho ou a modelagem matemática); as fontes da internet podem ser utilizadas.

As atividades investigativas podem ser utilizadas em múltiplas situações e temas, podendo ser individuais, em duplas ou grupos, de modo sintético em curto tempo ou de modo mais prolongado.

Propor um tema do cotidiano e pedir aos estudantes para realizar uma investigação, na sua família, no seu entorno, no bairro ou em fontes públicas, como a internet. Na sala de aula, um tema maior e mais complexo pode exigir um planejamento, de modo que grupos irão se formar, atuar e de tempos em tempos apresentar, até se concluir o objetivo desejado.

A investigação faz parte de um conjunto de metodologias, como os projetos de trabalho (pedagogia de projetos), a modelagem matemática e o estudo de temas em geral. Importante ter um roteiro claro de investigação e que seja seguida de uma análise de resultados, enriquecidos em momentos de socialização na sala de aula.

A avaliação da atividade investigativa deve considerar os objetivos de cada uma, podendo-se considerar a participação, a qualidade dos resultados apresentados e, ao final, a síntese feita em trabalho final.

### 6.4.1. Debate

Introduzir temas polêmicos, visando criar espaço para que opiniões diferenciadas sejam colocadas, envolvendo, por exemplo, como um dado matemático, pode interferir em resultados diferenciados – júri simulado.

O debate deve contemplar posições e proposições existentes, sem que seja obrigatório concluir em uma só. Quando se tratar de um tema polêmico do meio social, é importante ter o debate como um meio de colocar argumentos, de modo que cada um analise e componha sua opinião.

O debate pode também se dar na forma de júri simulado, um sistema em que se debatem argumentos mais estruturados sobre uma temática, concluindo por um resultado. Também este instrumento pode se desenvolver com um(a) convidado(a) que apresentará uma temática e responderá perguntas.

O debate pode se dar também no formato de seminário, neste caso se referenciando na apresentação por grupos ou duplas de ideias a partir de textos, recortes de jornais ou noticiário da internet, podendo-se esclarecer questões e acolher os diversos pontos de vista.

A avaliação do debate poderá ser relacionada à participação, ao registro (caso seja pedido) e a iniciativas que os estudantes possam ter em cada caso.

### 6.4.2. Projeto interdisciplinar

Trata-se do estudo de temas, problemas ou questões que sejam de interesse e escolhidos pelos(as) estudantes ou indicados pelo(a) professor(a).

O projeto tem uma organização própria, devendo esta compreender a delimitação do que será estudado (investigado), com uma introdução, desenvolvimento, síntese e referências. Pode ser individual, em duplas ou grupos e deve conter uma reflexão da tarefa realizada, suas aprendizagens, dificuldades e lacunas.

Nesta atividade, a avaliação pode envolver a participação, a qualidade do material apresentado, os resultados finais na forma prevista pela proposta.

## 6.5. O uso de tecnologia na avaliação

Todas as formas de avaliação aqui citadas – e outras que podem ser utilizadas – podem recorrer ao uso de tecnologias, seja como fonte de informação, seja como meio de registro e organização.

Muitas vezes o uso da tecnologia requerida precisa ser ensinado pelo(a) professor(a), como os tipos de textos, os recursos dos programas, o formato final desejado.

Há ainda de se considerar os sistemas de avaliação cada vez mais presentes nas instituições de ensino, onde são feitos os registros dos estudantes, de fácil acesso a seus pais e parentes responsáveis. Importante que sejam bem explicados aos(às) estudantes.

## 6.6. Conclusão

A avaliação, como discutimos neste capítulo, é um processo muito complexo, que vai muito além de realizar provas e atribuir notas aos alunos, não que essa não seja uma tarefa importante, mas as provas são somente um instrumento que auxilia o professor na verificação do rendimento escolar, fornecendo dados que devem ser submetidos também a uma análise qualitativa.

Para Libâneo (1994), a avaliação é um recurso de análise qualitativa sobre o processo de ensino e aprendizagem, ela tem uma função diagnóstica e de controle, que, além de verificar o rendimento escolar, auxilia o professor a tomar decisões sobre o trabalho executado. A avaliação deve ser uma tarefa permanente no trabalho docente, acompanhando todo o processo de ensino e aprendizagem. Ela deve acompanhar o desenvolvimento dos estudantes, identificando os progressos e as dificuldades, verificar a correspondência destes com os objetivos propostos, e assim reorientar o trabalho docente (Libâneo, 1994; Luckesi, 2005). Para Libâneo, a avaliação é uma reflexão sobre o nível de qualidade do trabalho escolar tanto do(a) professor(a) como dos(as) alunos(as).

Essa visão de avaliação vai além dos(as) pesquisadores(as) da área de Educação, a própria legislação educacional brasileira aponta nesse sentido. Segundo os Parâmetros Curriculares Nacionais (PCN),

> A avaliação deve acontecer contínua e sistematicamente por meio da interação qualitativa de conhecimento construído pelo aluno, possibilitando conhecer o quanto ele se aproxima ou não da expectativa de aprendizagem que o professor tem em determinados momentos da escolaridade, em função da intervenção pedagógica realizada (Brasil, 1997, p. 30).

As expectativas do(a) professor(a) são, em geral, norteadas pelas suas concepções, além de estar adequadas à proposta pedagógica da escola e das políticas educacionais da rede em que sua escola está inserida. No caso do Brasil, a partir de 2018, a principal referência a ser considerada é a BNCC, que organiza a aprendizagem a partir das competências e das habilidades, e não dos objetos do conhecimento. Nessa perspectiva, ao se avaliar, deve-se verificar se, e como, os(as) alunos(as) estão desenvolvendo as competências e habilidades propostas. São elas, em particular as habilidades, que devem orientar a elaboração dos instrumentos de avaliação, como, por exemplo, as provas; ou seja, ao se preparar um instrumento, deve-se inicialmente estabelecer qual habilidade será verificada e a partir dela propor uma atividade ou questão. Nota-se que, para se elaborar esse tipo de avaliação demandada pela BNCC, a perspectiva tradicional é insuficiente, pois ela não tem a capacidade de captar o processo de desenvolvimento da habilidade por parte do(a) aluno(a).

# REFERÊNCIAS

ALVEZ-MAZZOTTI, J. Representações de professores sobre o aluno. Verbete. **Gestrado**, Faculdade de Educação, UFMG. 2010. Disponível em: https://gestrado.net.br/verbetes/. Acesso em: 21 ago. 2023.

AMBROSINI, A.; PEUGEOT, V.; PIMIENTA, D. **Desafios de palavras**: enfoques multiculturais sobre as sociedades da informação. Paris: C & F Éditions, 2005.

AMIRALIAN, M. L. T. M. Desmistificando a inclusão. **Psicopedagogia**, v. 22, n. 67, p. 59-66, 2005.

ARAÚJO, J. L. Ser críticos em Projetos de Modelagem em uma Perspectiva Crítica de Educação Matemática. **Bolema**, Rio Claro, SP, v. 26, n. 43, 2012.

ARROYO, M. G. Fracasso-sucesso: o peso da cultura escolar e do ordenamento da Educação Básica. **Em Aberto**, Brasília, ano 11, n. 53, 1992.

BAIRRAL, M. A. (Ed.). **Tecnologias informáticas, salas de aula e aprendizagens matemáticas**. Rio de Janeiro: Edur, 2010.

BAIRRAL, M. A. As TIC e a licenciatura em matemática: em defesa de um currículo focado em processos. **Jornal Internacional de Estudos em Educação Matemática** (JIEEM), v. 6, n. 1, p. 1-20, 2013.

BAIRRAL, M. A. Currículo de Matemática com tecnologias: roda-viva utilitária. **Educação Matemática em Revista**, Porto Alegre, ano 22, v. 2, n. 22, p. 92-110, 2021a.

BAIRRAL, M. A. **Tecnologias, neurocognição e aprendizagem matemática**. Campinas: Mercado de Letras, 2021b.

BAIRRAL, M. A. **Ambiências e redes online**: interações para ensino, pesquisa e formação docente. São Paulo: Editora Livraria da Física, 2020.

BALL, D. L.; THAMES, M. H.; PHELPS, G. Content knowledge for teaching: what makes it special? **Journal of Teacher Education**, v. 59, n. 5, p. 389-407, 2008.

BITTAR, M. Informática na Educação e formação de Professores no Brasil. **Revista Série-Estudos**, Campo Grande, 2000.

BITTAR, M.; GUIMARÃES, S. D.; VASCONCELLOS, M. A integração da tecnologia na prática do professor que ensina matemática na educação básica: uma proposta de pesquisa-ação. **Revista Eletrônica de Educação Matemática**, Florianópolis, v. 3 n. 8, p. 84-94, 2008.

BORBA, M. C; SILVA, R. S. R.; GADANIDIS, G. **Fases das tecnologias digitais em Educação Matemática**: sala de aula e internet em movimento. Belo Horizonte: Autêntica, 2014.

BORGES, M. C.; PEREIRA, H. O. S.; AQUINO, O. F. Inclusão versus integração: a problemática das políticas e da formação docente. **Revista Ibero-americana de Educação**. n. 59/3, 2012.

BRADDOCK, D. L.; PARISH, S. L. An institutional History of Disability. *In*: ALBRECHT, G. L.; SEELMAN, K. D.; BURY, M. (org). **Handbook pf Disability**. Thousand Oaks: Studies Sage Publications, Inc. 2000.

BRANDÃO, P. C. R. **O uso de software educacional na formação inicial do professor de Matemática**: uma análise dos cursos de licenciatura em Matemática do Estado de Mato Grosso do Sul. 2005. Dissertação (Mestrado em Educação) – Universidade Federal de Mato Grosso do Sul, Campo Grande, 2005.

BRASIL. Ministério da Educação e Cultura. **Parâmetros Curriculares Nacionais**, Brasília: MEC, 1997.

BRASIL, MEC. SEESP. **Política nacional de educação especial na perspectiva inclusiva**. Brasília, 2008.

BRASIL. Ministério da Educação e Cultura. SEESP. Política Nacional de Educação Especial: equitativa, inclusiva e com aprendizado ao longo da vida. Brasília: MEC, 2020.

BRASIL. Ministério da Educação e Cultura. **Base Nacional Comum Curricular**. 2018a. Disponível em: www.mec.gov.br. Acesso em: 21 ago. 2023.

BRASIL. Ministério da Educação. **Base Nacional Comum Curricular**: Ensino Médio. A área de Matemática e suas Tecnologias. 2018b. Disponível em: www.mec.gov.br. Acesso em: 21 ago. 2023.

BURIASCO, R. L. C. de. **Avaliação em matemática**: um estudo das respostas de alunos e professor(a)s. 1999. Tese (Doutorado em Educação) – Universidade Estadual Paulista, Marília, SP, 1999.

CAMPOS, I. da S. A escolha de um tema de um projeto de modelagem e as relações de poder entre os integrantes de um grupo. **Educação Matemática Pesquisa**, São Paulo, v. 21, n. 1, p. 217-237, 2019.

CHAVES, A. Descrição matemática na natureza. *In*: DOMINGUES, I. (org.). **Conhecimento e transdisciplinaridade II**: aspectos metodológicos. Belo Horizonte: Editora UFMG, 2005.

COHEN, E. G.; LOTAN, R. A. **Planejando o trabalho em grupo**: estratégias para salas de aulas heterogêneas. Porto Alegre: Penso, 2017. Disponível em: http://www.pnaic.ufscar.br/files/events/annals/fae23ece21e1e0b535704aaf74cecfc9.pdf. Acesso em: 21 set. 2023.

D'AMBROSIO, B. S. Como ensinar matemática hoje? **Temas e Debates**, SBEM, ano II, n. 2, 1989.

D'AMBROSIO, U. Filosofia, educação e matemática em uma relação íntima. **Revemat**, Florianópolis (SC), v.11, Ed. Filosofia da Educação Matemática, p. 21-35, 2016.

D'AMBROSIO, U. **Educação Matemática**: da teoria à prática. Campinas, SP: Papirus, 1996. (Coleção Perspectivas em Educação Matemática).

D'AMBROSIO, U. **Etnomatemática**: elo entre as tradições e a modernidade. Belo Horizonte: Autêntica, 2001.

DAVID, M. M.; LOPES, M. P. Falar sobre Matemática é tão importante quanto fazer matemática. ***Presença Pedagógica***, v. 6, n. 32, p. 17-24, 2000.

DAVID, M. M. S. As possibilidades de inovação no ensino-aprendizagem da matemática elementar. **Revista Presença Pedagógica**, Belo Horizonte, Dimensão, jan./fev. 1995.

DAVID, M. M. S. Um novo público está nos obrigando a redefinir a posição da matemática no currículo e a repensar a prática do professor. **Actas ProfMat**, Lisboa, Portugal: APM, 2001.

DEMO, P. **Teoria e prática da avaliação qualitativa**. Temas do 2º Congresso Internacional sobre Avaliação na Educação. Curitiba, Paraná, 2004. p. 156-166.

DINIZ-PEREIRA, J. E. Da racionalidade técnica à racionalidade crítica: formação docente e transformação social. **Perspectiva em Diálogos:** Revista Educação e Sociedade, Naviraí, v. 1, n. 1, 2014.

ESTEBAN, M. T. Avaliação da aprendizagem. Verbete. **Gestrado**, Faculdade de Educação da UFMG. 2010. Disponível em: https://gestrado.net.br/verbetes/avaliacao-da-aprendizagem. Acesso em: 21 set. 2023.

ESTEBAN, M. T. Pedagogia de Projetos: entrelaçando o ensinar, o aprender e o avaliar à democratização do cotidiano escolar. *In*: SILVA, J. F.; HOFFMANN, J.;

ESTEBAN, M. T. (org.) **Práticas avaliativas e aprendizagens significativas**: em diferentes áreas do currículo. 3. ed. Porto Alegre: Mediação, 2004. p. 81-92.

FERREIRA, E. S.; PRADO, E.L. B.; ANASTÁCIO, M. Q. A.; CORREA, R. de A.; CALDEIRA, A. D.; MENDES, J. R.; SILVA, M. D. da. O uso da História da Matemática na formalização de conceitos. **Bolema**, Rio Claro, SP, v. 7, n. especial 2, 1992.

FIORENTINI, D. A formação matemática e didático-pedagógica nas disciplinas da Licenciatura em Matemática. **Revista de Educação,** PUC-Campinas, n. 18, Campinas, SP, 2005.

FIORENTINI, D.; MORIM, M. A. Uma reflexão sobre o uso de materiais concretos e jogos no ensino de matemática. **Boletim da SBEM-SP**, n. 7, jul./ago.1990.

FISCHER, M. C. B. Os formadores de professores de Matemática e suas práticas avaliativas. *In*: VALENTE, Wagner Rodrigues (org.). **Avaliação em Matemática**: história e perspectivas atuais. Campinas, SP: Papirus, 2008.

FREIRE, P. **Pedagogia da autonomia**. São Paulo: Paz e Terra, 2002.

FREIRE, P. **Pedagogia do Oprimido.** 12ª Edição, Rio de Janeiro, Paz e Terra, 1983

FROTA, M. C. R.; BORGES, O. Perfis de entendimento sobre o uso de tecnologias na Educação Matemática. *In*: Reunião da ANPEd, 27., Caxambu, MG, 2004. **Anais** [...]. Rio de Janeiro: Anped, 2004. p. 2-3.

GARNICA, A. V. M. Um ensaio sobre as concepções de professores de Matemática: possibilidades metodológicas e um exercício de pesquisa. **Educação e Pesquisa**, São Paulo, v. 34, n. 3, p. 495-510, set./dez. 2008.

GIORDANO, W. B. **(D)eficiência e trabalho**: analisando suas representações. São Paulo: Annablume; Fapesp, 2000.

GIRALDO, V. Formação de professores de matemática: para uma abordagem problematizada. **Ciência e cultura**, São Paulo, v. 70, n. 1, 2018.

GUGEL, M. A. **Pessoas com deficiência e o direito ao trabalho**. Florianópolis: Obra Jurídica, 2007.

HERNÁNDEZ, F. **Transgressão e mudança em educação**: os projetos de trabalho. Porto Alegre: Artmed, 1998.

HERTHEL, C. C. T. **A criança com síndrome de down e o número**: uma proposta de atividades inclusivas de contagem. Dissertação (Mestrado profissional em Educação) - Universidade Federal de Minas Gerais, Belo Horizonte, 2018.

HOFFMANN, J. M. L. **Avaliação mediadora**: uma prática em construção da pré-escola à universidade. Porto Alegre: Mediação, 2003.

HOFFMANN, J. M. L. **Avaliação mito & desafio**: uma perspectiva construtivista. Porto Alegre: Educação e realidade, 1992.

IRIBARRY, Í. N. Aproximações sobre a transdisciplinaridade: algumas linhas históricas, fundamentos e princípios aplicados ao trabalho em equipe. **Psicologia: reflexão e crítica**, v. 16, n. 3, 2003.

KASSAR, M. C. M. A formação de professores para a educação inclusiva. **Cad. Cedes**, Campinas, v. 34, n. 93, p. 207-224, maio-ago. 2014.

KENSKI, V. M. **Educação e tecnologias**: o novo ritmo da informação. Campinas: Papirus, 2007.

LOPES, A. R. L.V.; PAIVA, M. A. V.; PEREIRA, P. S.; POZEBON, S. e CEDRO, W. Estágio curricular supervisionado nas licenciaturas em Matemática: reflexões sobre as pesquisas brasileiras. **Zetetiké**, Campinas, v. 25, n. 1, jan./abr. 2017.

LEITE, L. H. A. L. **Pedagogia de projetos, intervenção no presente**. Disponível em: https://edufisescolar.files.wordpress.com/2011/03/pedagogia-de-projetos-de-lc3bacia-alvarez.pdf. Acesso em: 21 set. 2023.

LÉVY, P. **As tecnologias da inteligência**: o futuro do pensamento na era da informática. Rio de Janeiro: Ed. 34, 1998.

LIBÂNEO, J. C. **Didática**. 2. ed. São Paulo: Cortez, 1994.

LIMA, R. de F. Registrar pra quê? Pra quem? *In*: ENCONTRO DE EDUCAÇÃO MATEMÁTICA DOS ANOS INICIAIS, 4.; COLÓQUIO DE PRÁTICAS LETRADAS, 3, 2016, São Carlos, SP. **Anais** [...]. São Carlos, SP: UFSCAR, 2016.

LINS, R. C. Por que discutir teoria do conhecimento é relevante para a Educação Matemática. **Pesquisa em Educação Matemática**: concepções & perspectivas. São Paulo: Editora UNESP, 1999.

LONGO, C. A. C.; CONTI, K. C. (org.). **Resolver problemas e pensar a Matemática,** Campinas, SP: Mercado das Letras, 2017.

LOPES, A. R. L. V.; PAIVA, M. A. V.; PEREIRA, P. S.; POZEBON, S.; CEDRO, W. L. Estágio curricular supervisionado nas licenciaturas em Matemática: reflexões sobre as pesquisas brasileiras. **Zetetiké**, Campinas, SP, v. 25, n. 1, jan./abr. 2017.

LUCKESI, C. C. **A avaliação da aprendizagem escolar.** 17. ed. São Paulo: Cortes, 2005

LUCKESI, C. **Avaliação da aprendizagem escolar**: estudos e proposições. 22. ed. São Paulo: Cortez Editora, 2013.

LUPINACCI, V. L. M.; BOTIM, M. L. M. Resolução de problemas no ensino de Matemática. Minicurso. *In*: ENCONTRO NACIONAL DE EDUCAÇÃO MATEMÁTICA, 8., Recife, 2004. **Anais** [...]. Recife: SBEM, 2004.

MASETTO, M. **Docência universitária**: repensando a aula. Disponível em: http://www.adventista.edu.br/_imagens/area_academica/files/docencia-universitaria-repensando-a-aula-i-1.pdf. Acesso em: 21 set. 2023.

MAZZOTTA, M.J.S. **Educação especial**: história e política públicas. São Paulo: Cortez, 1996.

MENDES, E. G. A radicalização do debate sobre inclusão escolar no Brasil. **Revista Brasileira de Educação,** v. 11, n. 33, set./dez. 2006.

MENDES, M. T.; BURIASCO, R. L. C. A utilização da prova em fases como recurso de ensino em aulas de cálculo. **RPEM,** Campo Mourão, PR, v. 7, n. 14, p. 39-53, jul./dez. 2018.

MENDES, M. T.; BURIASCO, R. L. C. Princípios de Lange na utilização de uma prova escrita em fases. **Educação Matemática em Revista,** Brasília, v. 22, n. 56, p. 10-20, out./dez. 2017.

MENEZES, M. G. M. L.; REIS, D. F.; ZAIDAN, S. Frações no ensino médio [recurso educativo eletrônico] Vinculando o estudo às funções polinomiais de 1º grau. Belo Horizonte, MG, 2021. Disponível em: www.fae.ufmg.br/promestre.

MEYER, J. F. da C. de A.; CALDEIRA, A. D.; MALHEIROS, A. P. dos S. **Modelagem em Educação Matemática**. 3. ed.; 2 reimp. Belo Horizonte: Autêntica, 2018. (Coleção Tendências em Educação Matemática).

MORAN, J. Gestão inovadora da escola com tecnologias. *In*: VIEIRA, A. (org.). **Gestão educacional e tecnologia.** São Paulo: Avercamp, 2003.

MOREIRA, P. C.; FERREIRA, A. C. O lugar da Matemática na Licenciatura em Matemática. **BOLEMA,** Rio Claro, SP, v. 27, n. 47, p. 981-1005, 2013.

MOREIRA, P. C. M.; DAVID, M. M. M. S. **A formação matemática do professor**: licenciatura e prática docente escolar. Belo Horizonte: Autêntica, 2005.

MORTIMER, E. Sala de aula. Verbete. **Gestrado,** Faculdade de Educação da UFMG. 2010. Disponível em: https://gestrado.net.br/verbetes/sala-de-aula/. Acesso em: 21 set. 2023.

NÓVOA, A. **Para uma formação de professores construída dentro da profissão.** Texto, [2018] Ministerio de Educación y Formación Profesional. Disponível em: https://www.educacionyfp.gob.es/revista-de-educacion/dam/. Acesso em: nov. 2023.

NUNES, L. R. D. P.; FERREIRA, J. R. Deficiência mental: o que as pesquisas brasileiras têm revelado. **Em Aberto,** Brasília, ano 13, n. 60, out./dez. 1993.

OLIVEIRA, R. R. de M. **Laboratório na escola**: possibilidades para o ensino de Matemática e formação docente. Dissertação (Mestrado em Educação) – Universidade Federal de Minas Gerais, Belo Horizonte, 2017.

OMOTE, S. Normalização, integração, inclusão. **Ponto de Vista**: Revista de educação e processos inclusivos, v. 1, n. 1, jul./dez. 1999.

PASSEGGI, M. da C. Memorial de formação. *In*: **Dicionário Gestrado**. Disponível em: https://gestrado.net.br/verbetes/memorial-de-formacao/. Acesso em: 21 set. 2023.

PEREIRA, A. N. **Conhecimentos matemáticos para o ensino de Geometria na Educação Básica.** Tese (Doutorado em Educação) – Universidade Federal de Minas Gerais, Belo Horizonte, 2020.

PINHEIRO, N. V. **Avaliação na Licenciatura em Matemática sob a ótica dos discentes**: implicações para a aprendizagem e para a formação docente. Tese (Doutorado em Educação) – Universidade Federal de Minas Gerais, Belo Horizonte, 2019.

PINTO, N. B. Cultura escolar e práticas avaliativas: uma análise das provas de Matemática do exame de admissão ao Ginásio. *In*: VALENTE, W. R. (org.). **Avaliação em Matemática**: história e perspectivas atuais. Campinas, SP: Papirus, 2008.

PIRES, M. N. M.; BURIASCO, R. L. C. Professores dos anos iniciais, a prova em fases e a possibilidade de aprender. **Zetetiké**, Campinas, SP, v. 25, n. 3, p. 474-495, set./dez. 2017.

POLYA, G. **A arte de resolver problemas.** Rio de Janeiro: Interciência, 1995.

PONTE, J. P. da. Investigar a própria prática. GTI (org.). Reflectir e investigar sobre a prática profissional. Lisboa: APM, 2002. p. 5-28.

PONTE, J. P. ; BROCARDO, J.; OLIVEIRA, H. **Investigações matemáticas na sala de aula**. 7. ed. Belo Horizonte: Autêntica, 2003. 152 p. (Coleção Tendências em Educação Matemática).

RODRIGUES, E. S. T. **Aprendizagens através da avaliação formativa**. Disponível em: http://www.pedagogia.com.br/artigos/avaliacaoformativa/index.php?pagina=0. Acesso em: 21 set. 2023.

ROMÃO, J. E. **Avaliação dialógica**: desafios e perspectivas. São Paulo: Cortez, 1999.

SALES, J. O. C. B. Aprendendo com a avaliação. *In*: LIMA, M. S. L.; SALES, J. de O. C. B. **Aprendiz da prática docente**: a didática no exercício do magistério. Fortaleza: Demócrito Rocha, 2002.

SAMPAIO, C. T.; SAMPAIO, S. M. R. **Educação inclusiva**: o professor mediando para a vida. Salvador: EDUFBA, 2009. 162 p. ISBN 978-85-232-0915-5.

SANCHES, I.; TEODORO, A. Da integração à inclusão escolar perspectivas e conceitos. **Revista Lusófona de Educação,** n. 8, p. 63-83, 2006.

SANTOS, A. Complexidade e transdisciplinaridade em educação: cinco princípios para resgatar o elo perdido. **Revista Brasileira de Educação,** v. 13, n. 37, 2008.

SFARD, A. **Thinking as communicating:** Human development, the growth of discourses and mathematizing. Cambridge, UK: Cambridge University Press, 2008.

SILVA, O. M. **Epopeia ignorada.** Edição de Mídia. São Paulo: Editora Faster, 2009. Disponível em: https://issuu.com/amaurinolascosanchesjr/docs/-a-epopeia-ignorada-oto-marques-da-. Acesso em: 21 set. 2023.

SKOVSMOSE, O. **Educação Matemática crítica**: a questão da democracia. Trad. Jussara de Loiola Araújo e Abgail Lins. São Paulo: Papirus, 2001. (Coleção Perspectivas em Educação Matemática).

SKOVSMOSE, O. **Educação crítica, incerteza, matemática, responsabilidade**. São Paulo, Cortez: 2007.

SKOVSMOSE, O. **Towards a philosophy of critical mathematics education**. Dordrecht: Kluwer Academic Publishers, 1994.

SOUSA, C. P. de (org.). **Avaliação do rendimento escolar**. Campinas, SP: Papirus, 1994.

SOUSA, S. M. Z. L. **Conselho de classe**: um ritual burocrático ou um espaço de avaliação coletiva? São Paulo: FDE, 1998. p. 45-59. (Série Ideias, n. 25).

SOUSA, S. M. Z. L. Revisando a teoria da avaliação da aprendizagem. *In*: SOUSA, C. P. de (org.). **Avaliação do rendimento escolar.** Campinas, SP: Papirus, 1994.

TEIXEIRA, I. A. C. Da condição docente, primeiras aproximações teóricas. **Educação e Sociedade**, Campinas, v. 28, n. 99, p. 426-443, maio/ago. 2007. Disponível em: www.cedes.unicamp.br. Acesso em: 21 set. 2023.

TOMAZ V. S.; LOPES, M. P. Melhorando as oportunidades de aprendizagem Matemática em sala de aula. *In*: ENCONTRO NACIONAL DE EDUCAÇÃO MATEMÁTICA, 8., Recife, 2004. **Anais** [...]. Recife: UFPE, 2004. CD ROM.

VASCONCELOS, R. N. O sentido e o significado do registro para o professor e a professora. **Educação em Foco**, UEMG, Belo Horizonte, v. 7, n. 7, 2003.

VIANA, M. da C. V. Avaliação da aprendizagem na sala de aula de matemática. *In*: PINHEIRO, N. V. et al. **Educação Matemática**: diálogos teóricos e metodológicos. São Paulo: Opção, 2015.

VILLAS BOAS, B. M. de F. **Virando a escola do avesso por meio da avaliação.** Campinas, SP: Papirus, 2008.

VILLAS BOAS, B. M. de F. Planejamento da avaliação escolar. **Pro-Posições.** Campinas, SP, v. 9, n. 3, p. 27, nov. 1998.

ZAIDAN, S. Breve panorama da formação de professores que ensinam matemática e dos professores de Matemática na UFMG. **Zetetike**, CEMPEM, FE/Unicamp, v. 17, 2009.

ZAIDAN, S. Transdisciplinaridade, ensino e formação de professores de Matemática. **Perspectiva da Educação Matemática**, Santa Maria, v. 12, n. 30, 2019.

ZEICHNER, K. Uma análise crítica sobre a "reflexão" como conceito estruturante na formação docente. **Educcação e Sociedade**, Campinas, SP, v. 29, n. 103, 2008.

Neste livro, adotaremos o registro masculino/feminino porque entendemos ser essencial que nossa escrita considere as professoras, as estudantes e as profissionais em geral.

[1] Resolução CNE-CP 02/2002 já prevê este tempo, o que vem se repetindo nas resoluções que a sucederam em 2015 e 2019.

[2] Verbetes e textos-base sobre esses temas podem ser buscados como apoio. Os verbetes do dicionário do Gestrado (Trabalho, Condição e Profissão Docente) ficam como sugestão para apoiar esta atividade. https://gestrado.net.br/dicionario-de-verbetes/.

[3] Verbete prática pedagógica. Anna Salgueiro Caldeira e Samira Zaidan. Disponível em: www.gestrado.fae.ufmg.br/verbetes.

[4] Estudo de Aula tem referência na proposta Lesson Study.

[5] Esse tema tem referência no artigo "A necessária articulação entre orientação e supervisão no estágio curricular", *Revista Paideia* (Revista do Curso de Pedagogia), Fumec, n. 10, 2011.

[6] Referência a texto de palestra que Alaor Chaves proferiu no Instituto de Estudos Avançados Transdisciplinares da Universidade Federal de Minas Gerais (IEAT-UFMG), denominada "Descrição matemática da natureza".

[7] https://www.fnde.gov.br/index.php/programas/programas-do-livro/pnld/guia-do-pnld

[8] Para maior compreensão sobre pedagogia de projetos, pesquisar Fernando Hernández e Lúcia Helena Alvarez Leite.

[9] Essas três orientações apresentadas foram baseadas em Dominique Cardon. CARDON, Dominique. A inovação pelo uso. *In*: AMBROSINI, Alain; PEUGEOT, Valérie; PIMIENTA, Daniel. *Desafios de palavras*: enfoques multiculturais sobre as sociedades da informação. Paris: C & F Éditions, 2005.

[10] Dados obtidos no site: http://apaebrasil.org.br/pagina/mapa-das-apaes-e-filiadas-2019-pagina. Acesso em: 30 mar. 2021.

[11] Essa declaração pode ser encontrada em português no endereço: http://portal.mec.gov.br/seesp/arquivos/pdf/salamanca.pdf. Acesso em: 5 maio 2021.

[12] O Profissional de Apoio Escolar ou Acompanhante Especializado (de que trata o inciso XIII do caput do art. 3º da Lei nº 13.146, de 6 de julho de 2015, e art. 2º,

parágrafo único, da Lei nº 12.764, de 2012) é a pessoa que exerce atividades de apoio na alimentação, higiene e locomoção do estudante com deficiência e do estudante com transtorno do espectro autista e de apoio na interação e na comunicação desses educandos, nas atividades escolares nas quais se fizer necessário, em todos os níveis e modalidades de ensino, em instituições públicas e privadas (Brasil, 2020, p. 84).

[13] Referenciamos e recomendamos uma produção sobre avaliação da aprendizagem produzida por Niusarte Virgínia Pinheiro, Doutora em Educação, Professora da UFVJM, quando de sua atuação na disciplina de estágio na Faculdade de Educação da UFMG.